小学2年生
算数

学校の先生がつくった！

テスト式！

点数UPドリル

アップ

学力の基礎をきたえどの子も伸ばす研究会

李 詩愛 著　金井 敬之 編

フォーラム・A

ドリルの特長

このドリルは、小学校の現場と保護者の方の声から生まれました。
「解説がついているとできちゃうから、本当にわかっているかわからない…」
「単元のまとめページがもっとあったらいいのに…」
「学校のテストとしても、テスト前のしあげとしても使えるプリント集がほしい！」

そんな声から、学校では**テスト**として、また**テスト前の宿題**として。ご家庭でも、**テスト前の復習**や**学年の総仕上げ**として使えるドリルを目指してつくりました。

こだわった２つの特長をご紹介します。

1. やさしい・まあまあ・ちょいムズの３種類のレベルのテスト
2. 各単元に、内容をチェックしながら遊べる「チェック＆ゲーム」

テストとしても使っていただけるよう、**観点別評価**を入れ、レベルの表示も ✿ で表しました。宿題としてご使用の際は、クラスや一人ひとりの**レベルにあわせて配付**できます。また、遊びのページがあることで楽しく復習でき、**やる気**も続きます。

テストの点数はあくまでも評価の一つに過ぎません。しかし、テストの点数が上がると、その教科を得意だと感じたり、好きになったりするものです。このドリルで、**算数が好き！得意！**という子どもたちが増えていくことを願います。

キャラクターしょうかい

みんなといっしょに算数の世界をたんけんする仲間だよ！

ルパたん
アルパカの子ども。
のんびりした性格。
算数はちょっとだけ苦手
だけど、がんばりやさん！

ピィすけ
オカメインコの子ども。
算数でこまったときは助けて
くれて、たよりになる！

使い方

単元の内容がチェックできて
楽しく遊べる「チェック＆ゲーム」！

✿はテストの難しさを表しているよ。
✿✿✿は、３枚中の真ん中の
難しさ（まあまあ）だよ！

〈やさしい〉

〈まあまあ〉

〈ちょいムズ〉

解きおわったら
予想得点を
書いてみよう！

観点別評価のめやすに！
★……知識・技能
★★…思考・判断・表現

丸つけしやすい別冊解答！
解き方のアドバイスつきだよ

テスト式！ 点数アップドリル 算数
２年生
答え

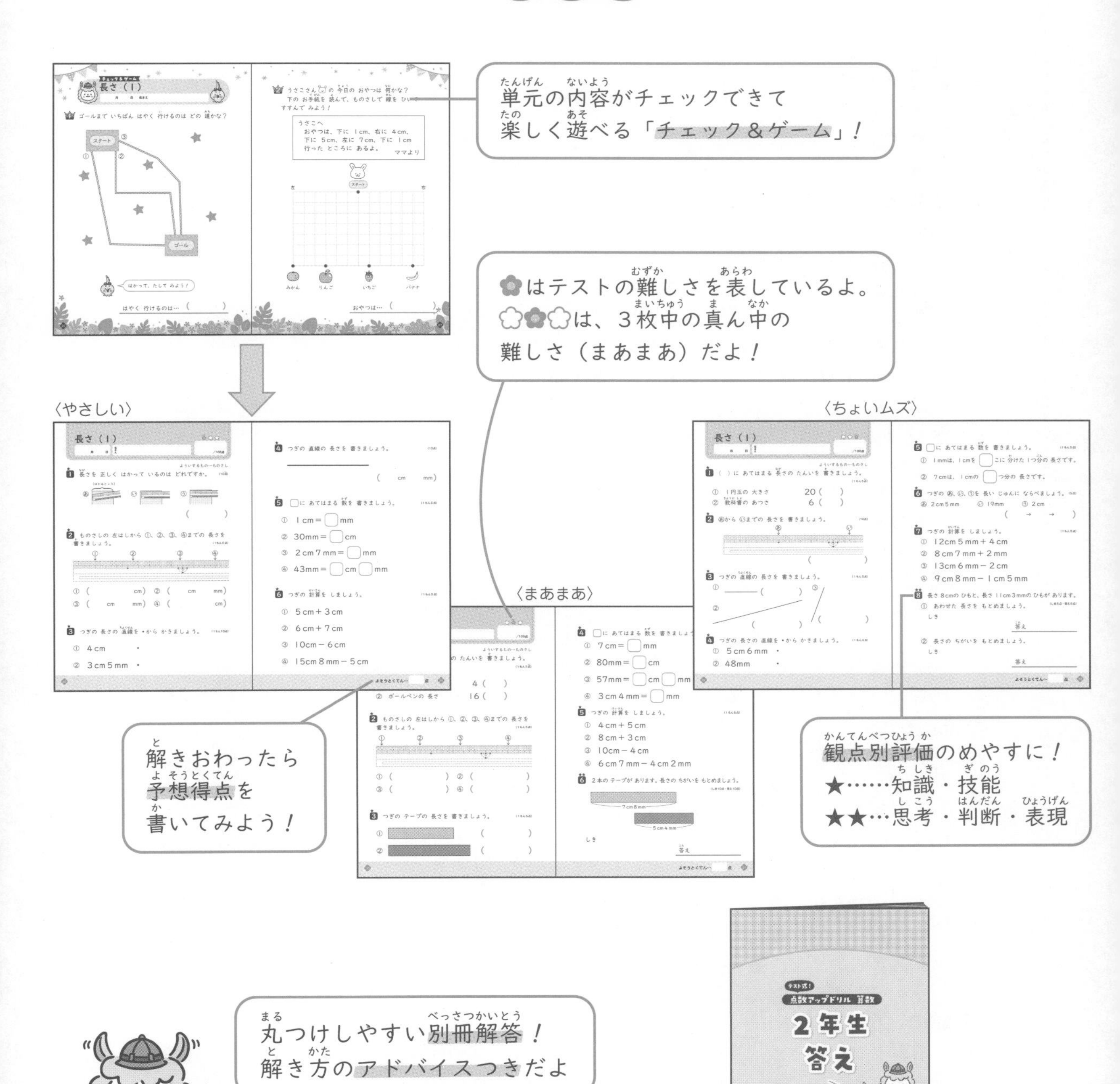

※単元によってテストが１枚や２枚の場合もございます。
※つまずきやすい単元は、内容を細分化しテストの数を多めにしている場合もございます。
※小学校で使用されている教科書を比較検討して作成しております。お使いの教科書にない単元や問題があることもございますので、ご確認のうえご使用ください。

テスト式！ 点数アップドリル 算数　２年生　もくじ

ひょうと グラフ

月　　日　名まえ

1 グラフを 見て、正しい 文を えらぼう！

ねこ	いぬ	うさぎ	りす	さる

① は 5ひき いるよ。

② いちばん 多(おお)いのは だよ。

③ より 少(すく)ないのは だよ。

④ と の 数(かず)を あわせると 7ひきだよ。

（　　　　　　）

2 ひらがなの 数を 数(かぞ)えて、グラフと ひょうに あらわそう！とびらを あける あんごうが わかるよ。

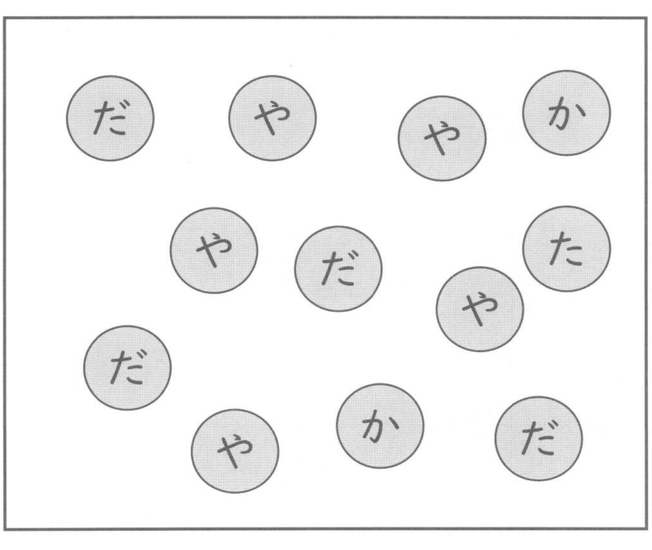

〈グラフ〉

だ	か	た	や

下から ○を つけて いこう。

〈ひょう〉

カード	だ	か	た	や
まい数				

㋐の カードが ２まいだったら
「あ・㋑・う・え・お」の ２番目(ばんめ)の「い」に なるよ。

だ	か	た	や
で			

あんごうを 読(よ)むと

ひょうと グラフ

月　日　名まえ　／100点

1 グラフを 見て、もんだいに 答(こた)えましょう。（1もん10点(てん)）

食(た)べた あめの 数(かず)

				○
				○
○				○
○		○		○
○	○	○		○
○	○	○	○	○
あさひ	はると	ゆうと	ひかり	ゆうな

① ゆうとさんは 何(なん)こ 食べましたか。

（　　　　　）

② いちばん 多(おお)く 食べたのは だれですか。

（　　　　　）

③ あさひさんは ひかりさんより 何こ 多く 食べましたか。

（　　　　　）

④ みんなで 何こ 食べましたか。（　　　　　）

★
2 ひょうを 見て、もんだいに 答えましょう。

くだものの 数

くだもの	みかん	バナナ	いちご	りんご	メロン
数	7	3	4	5	1

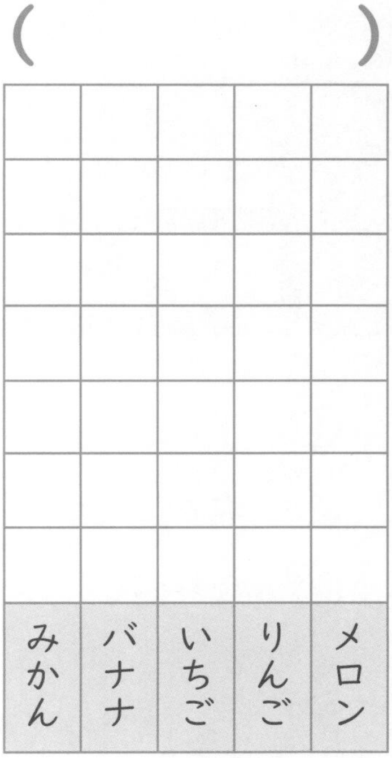

① 右の グラフの （　） に だいを 書（か）きましょう。 （10点）

② くだものの 数を、○を つかって 右の グラフに かきましょう。 （20点）

③ みかんは りんごより 何こ 多いですか。 （10点）

（　　　　　　　　）

④ メロンは いちごより 何こ 少（すく）ないですか。 （10点）

（　　　　　　　　）

（　　　　　　　　）

みかん	バナナ	いちご	りんご	メロン

⑤ くだものの 数は、ぜんぶで 何こ ですか。 （10点）

（　　　　　　　　）

よそうとくてん…　　点

ひょうと グラフ

月 日	名まえ	／100点

1 ★ あみさんの クラスでは、かかりを きめる ために、なりたい かかりを 書いて こくばんに はりました。

（1もん10点　※③は（　）1つ10点）

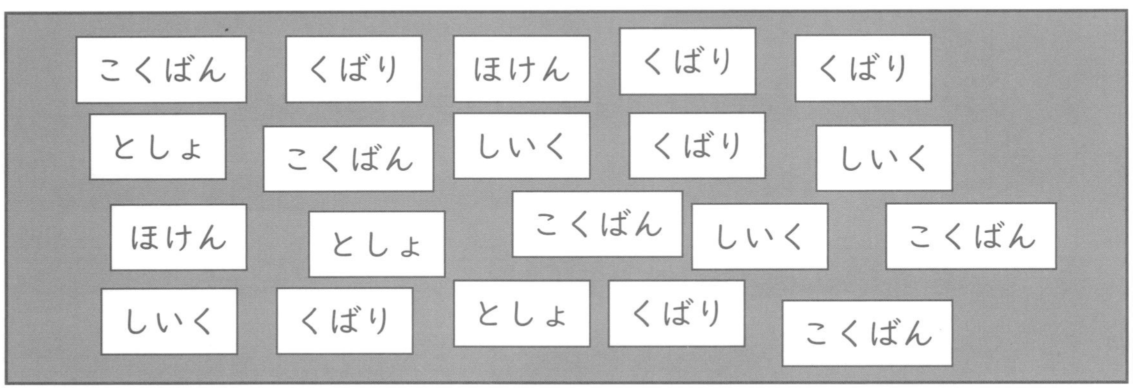

① 下の ひょうに 人数を 書きましょう。

② 右の グラフに つづきを かきましょう。

③ なりたい 人が いちばん 多い かかりと 少ない かかりを 書きましょう。

多い（　　　　　　）

少ない（　　　　　　）

④ こくばんと としょの ちがいは 何人ですか。（　　　　）

なりたい かかりの 人数

○				
こくばん	くばり	ほけん	としょ	しいく

なりたい かかりの 人数

かかり	こくばん	くばり	ほけん	としょ	しいく
人数（人）					

★★

2 クラスで すきな きゅう食(しょく)の メニューを しらべて、右の グラフに あらわしました。

さきさんたちは、グラフを 見て 話(はな)し合(あ)って います。

（　）に あてはまる 数(かず)や ことばを、□から えらんで 書きましょう。

（（　）1つ10点）

すきな きゅう食の メニュー

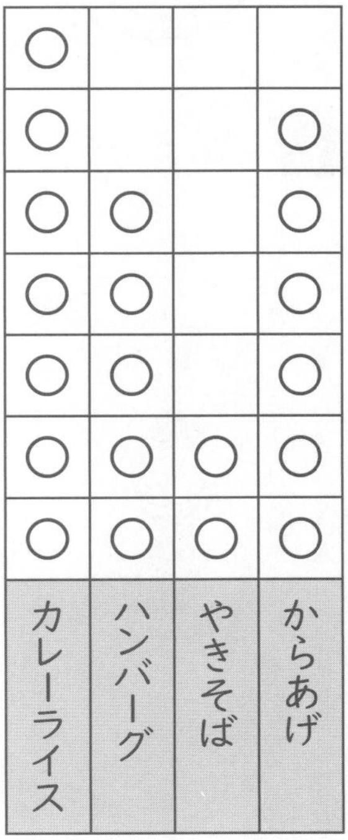

カレーライス	ハンバーグ	やきそば	からあげ
○			
○			○
○	○		○
○	○		○
○	○		○
○	○	○	○
○	○	○	○

さき 「いちばん 多いのは、（あ　　　）だね。」

かいと 「2番目(ばんめ)に 多いのは（い　　　）で、（う　　　）人 だね。」

みく 「ハンバーグと（え　　　）の 数の ちがいは 3人だね。」

しょう 「やきそばは いちばん（お　　　）よ。」

ハンバーグ　カレーライス　やきそば　6
からあげ　5　少ない　多い

チェック＆ゲーム

たし算と ひき算の ひっ算(1)

月　日　名まえ

1 答(こた)えが 大きい方(ほう)を 通(とお)って、ゴールまで すすもう！

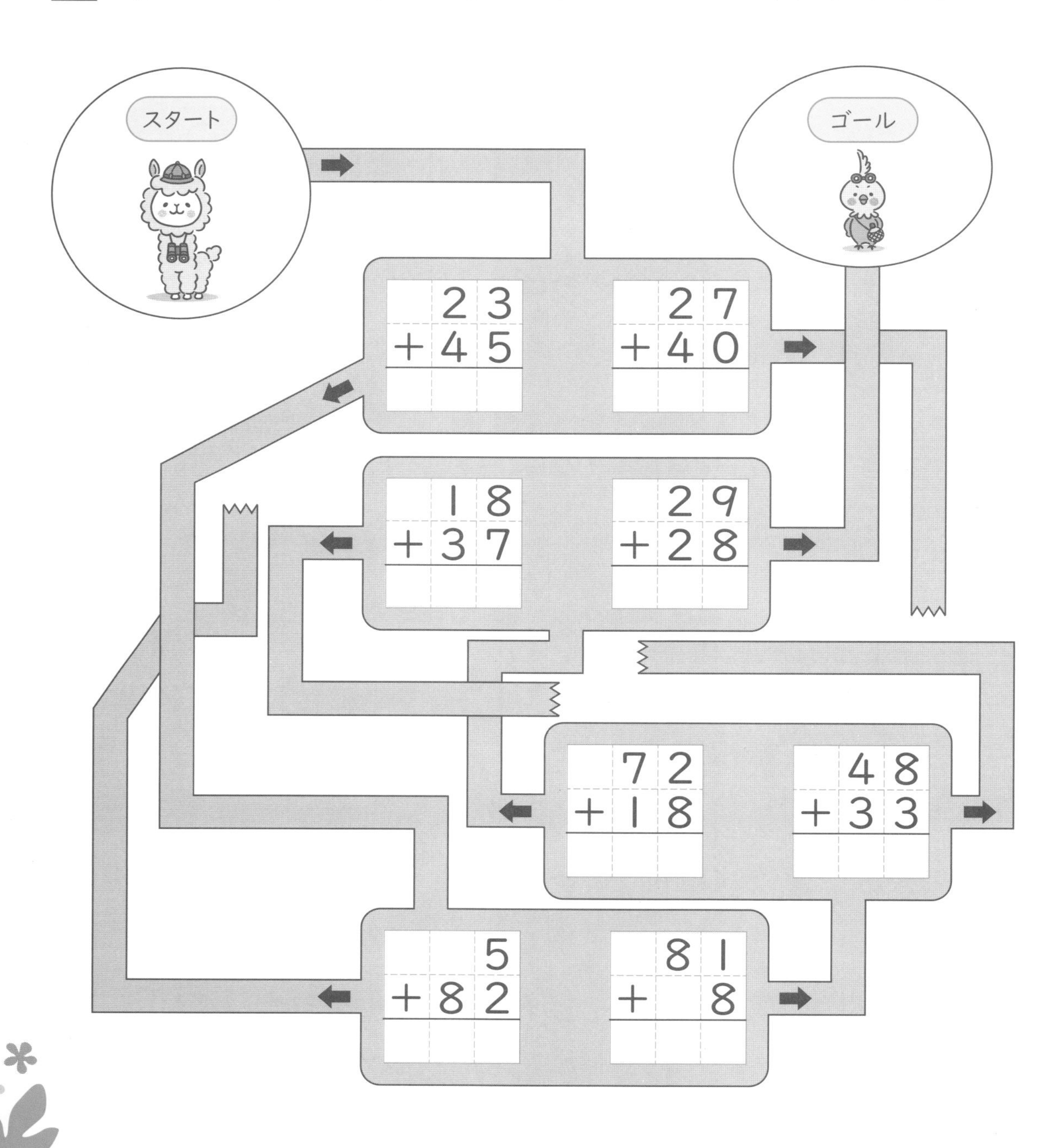

スタート

ゴール

	2	3
+	4	5

	2	7
+	4	0

	1	8
+	3	7

	2	9
+	2	8

	7	2
+	1	8

	4	8
+	3	3

		5
+	8	2

	8	1
+		8

2 ちょうせんじょうが とどいたよ。
ひみつを といて、おたからを ゲットしよう！

ちょうせんじょう

①～⑤を 計算(けいさん)して、答えの 十のくらいを たて、一のくらいを よこに 見て、文字を ならべるのだ。

一のくらい（よこ）／十のくらい（たて）

	0	1	3	5	7
1	か	き	く	け	こ
2	な	に	ぬ	ね	の
3	は	ひ	ふ	へ	ほ
4	ま	み	む	め	も
5	が	ぎ	ぐ	げ	ご
6	ば	び	ぶ	べ	ぼ
7	わ	を	ん	や	ゆ

① 40－30

② 98－41

③ 49－22

④ 60－40

⑤ 95－85

出て きた ことば

①	②	③	④	⑤
か				

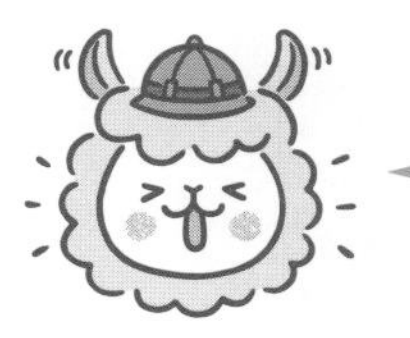

おたからは
どこかな？
○を つけよう！

ビンの 中

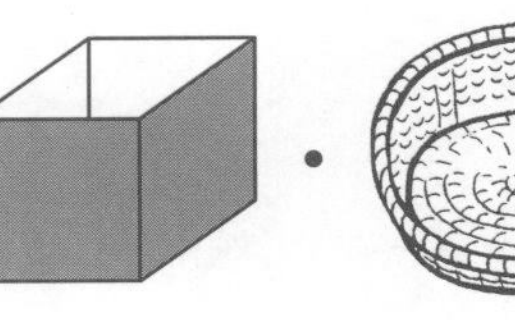

はこの 中

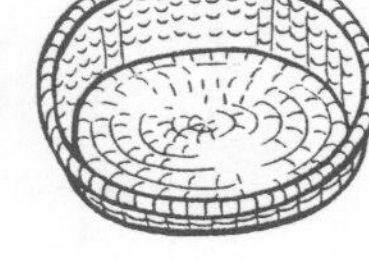

かごの 中

たし算の ひっ算（１）

月　日　名まえ　／100点

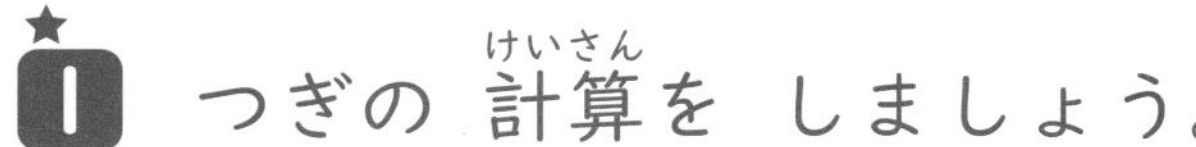

１ つぎの 計算(けいさん)を しましょう。（１もん５点(てん)）

①
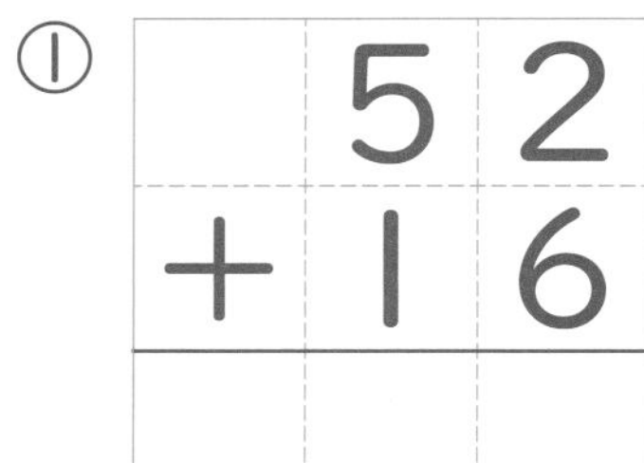

	5	2
＋	1	6

②

	3	2
＋	4	0

③

	2	4
＋		5

④

	4	0
＋	1	3

⑤

		7
＋	5	2

⑥

	3	5
＋	1	2

⑦

	3	6
＋	2	9

⑧

	2	3
＋	6	8

⑨

	4	7
＋	2	5

⑩

		4
＋	8	7

⑪
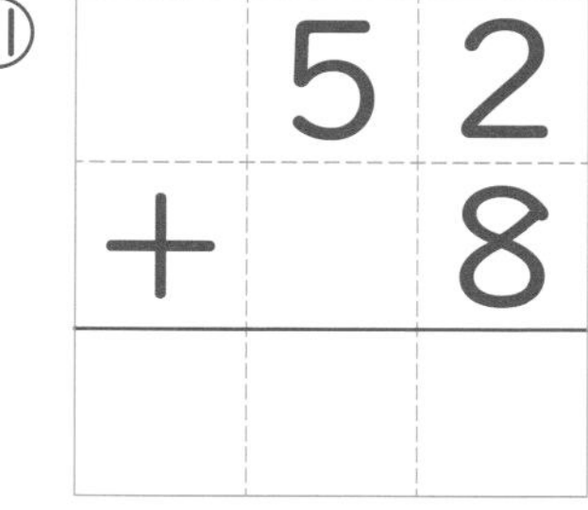

	5	2
＋		8

★

2 つぎの 計算を ひっ算で しましょう。 (1もん5点)

① 27＋31

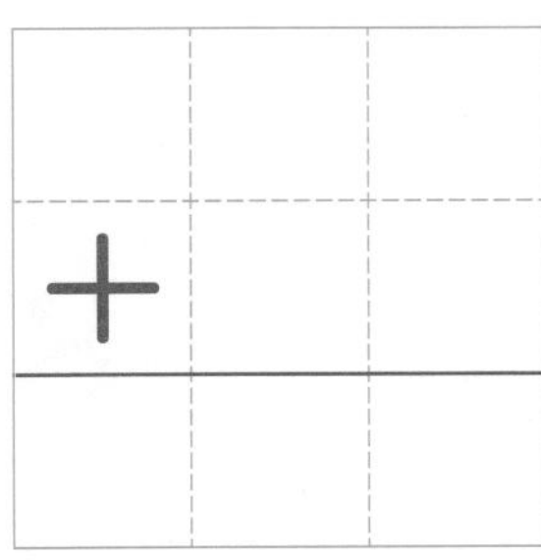

② 50＋28

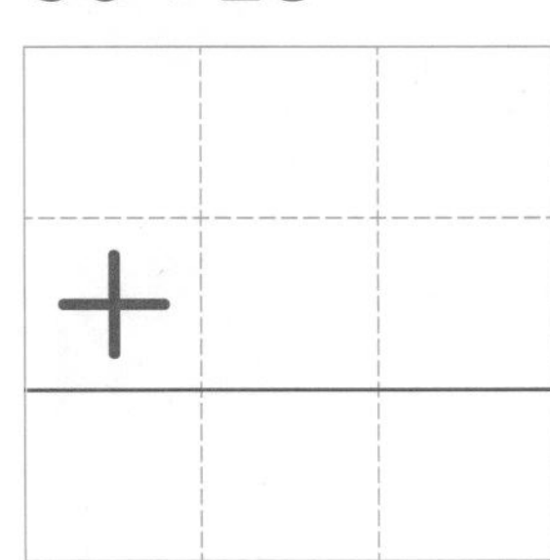

③ 6＋83

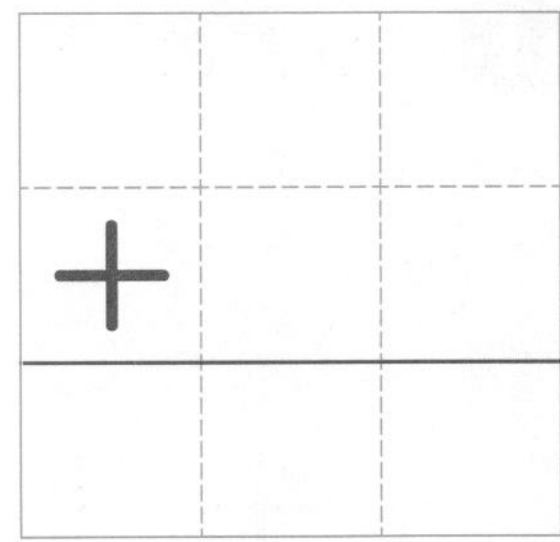

④ 73＋19

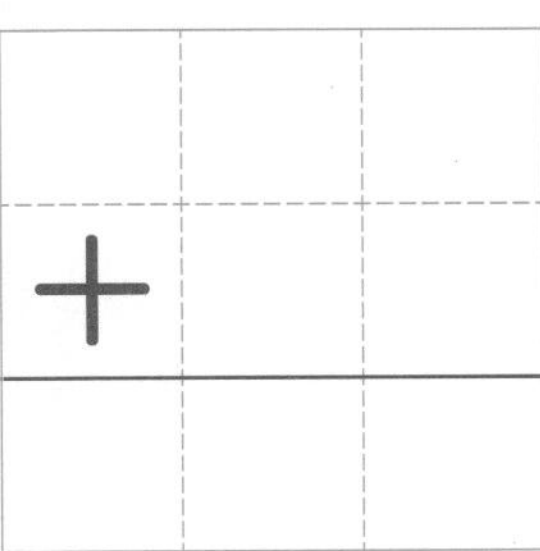

⑤ 34＋48

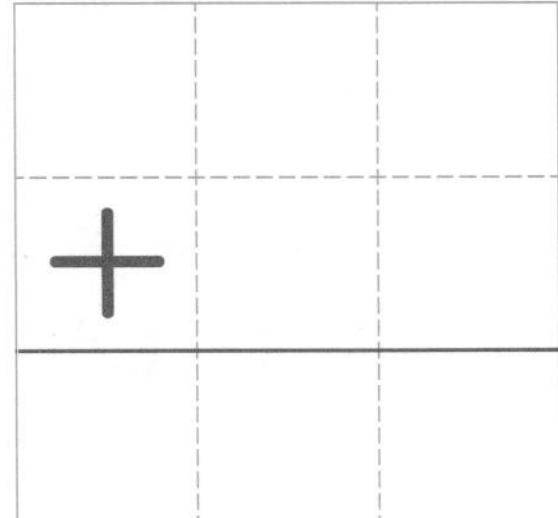

★★

3 きのう、本を 23ページ 読(よ)みました。
今日(きょう)は、38ページ 読みました。
ぜんぶで 何ページ 読みましたか。 (しき10点・答え10点)

しき

答(こた)え

たし算の ひっ算（1）

月　日　名まえ　／100点

1 つぎの 計算(けいさん)を しましょう。（1もん5点(てん)）

①
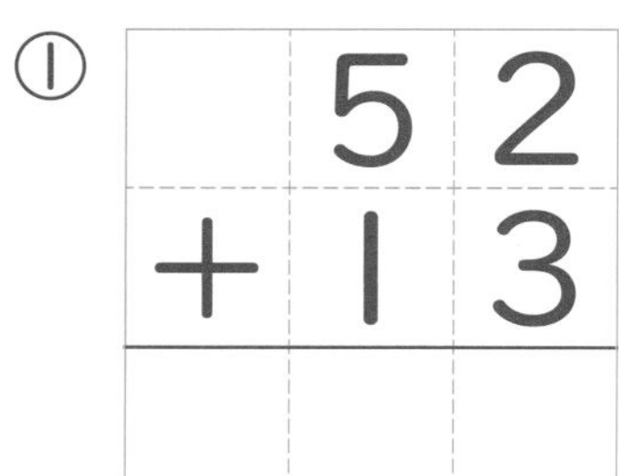

②
46
＋12

③
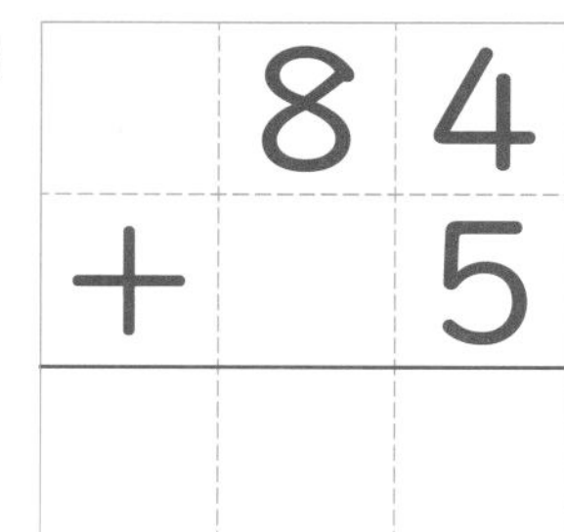

2 つぎの 計算を ひっ算で しましょう。（1もん5点）

① 18＋76

② 68＋17

③ 36＋14

④ 74＋18

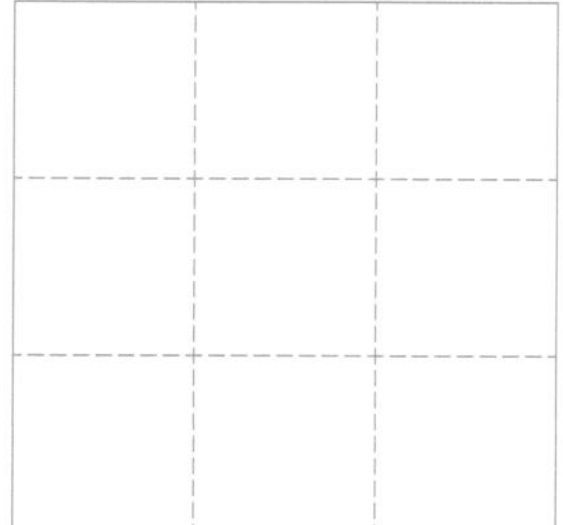

⑤ 29＋7

⑥ 8＋56

★

3 つぎの 計算の 答えが 正しければ ○を、まちがって いれば 正しい 答えを（　）に 書きましょう。　（1もん5点）

①
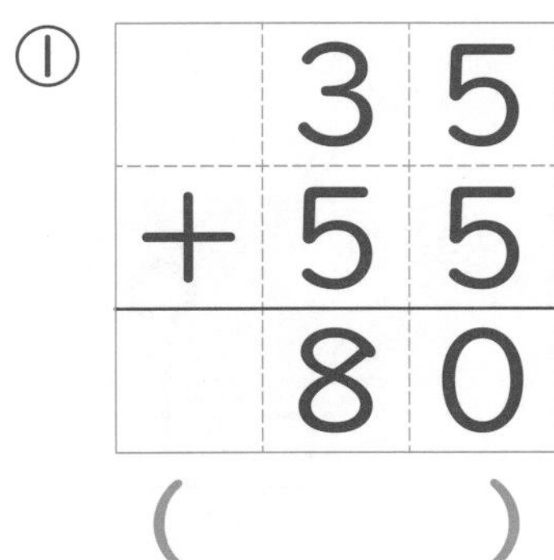

（　　　）

②
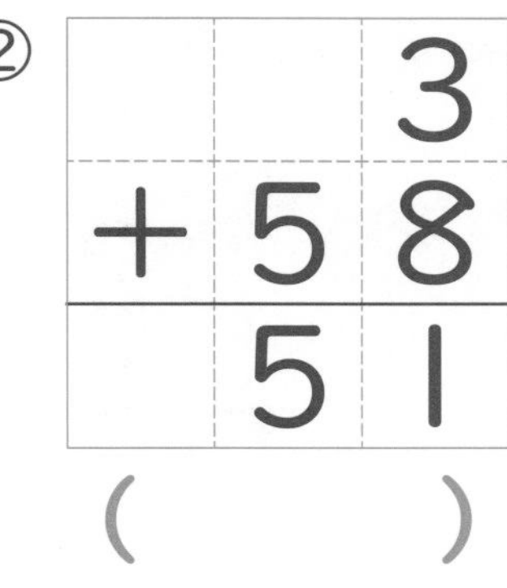

（　　　）

③

$$\begin{array}{r} 49 \\ +\,46 \\ \hline 95 \end{array}$$

（　　　）

★★

4 1組は 28人、2組は 27人 います。
あわせると 何人ですか。　（しき10点・答え10点）

しき

答え

★★

5 35円の えんぴつと 48円の けしゴムを 買うと、何円に なりますか。　（しき10点・答え10点）

しき

答え

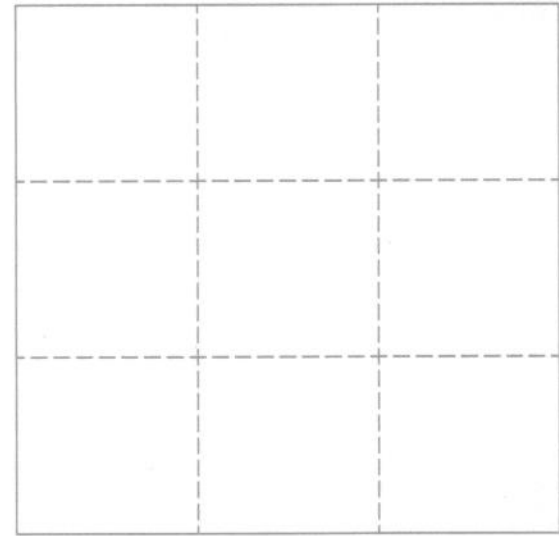

たし算の ひっ算（1）

月　日

名まえ

／100点

★
1 つぎの 計算（けいさん）を しましょう。

（1もん5点（てん））

① 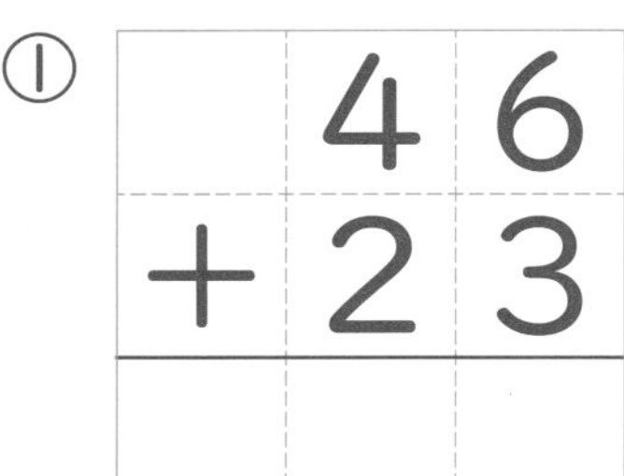

②
　 28
＋32

③ 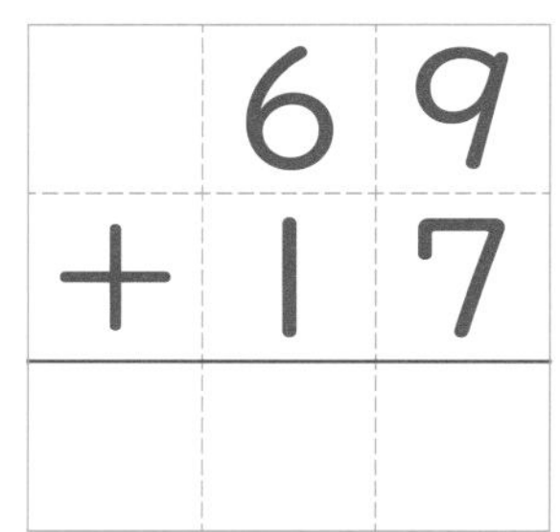

★
2 つぎの 計算を ひっ算で しましょう。

（1もん5点）

① 9＋43

② 24＋6

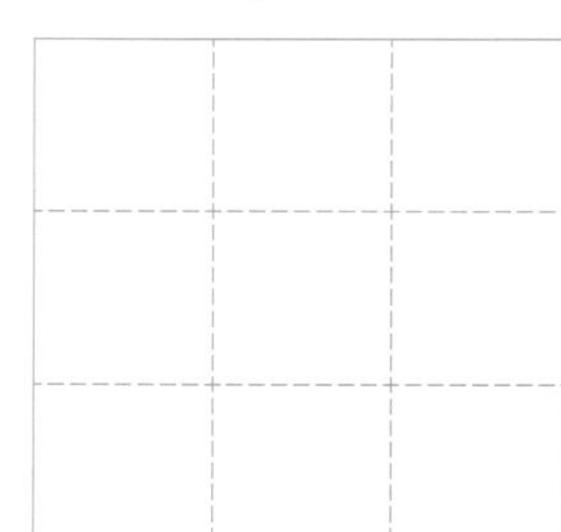

③ 18＋63

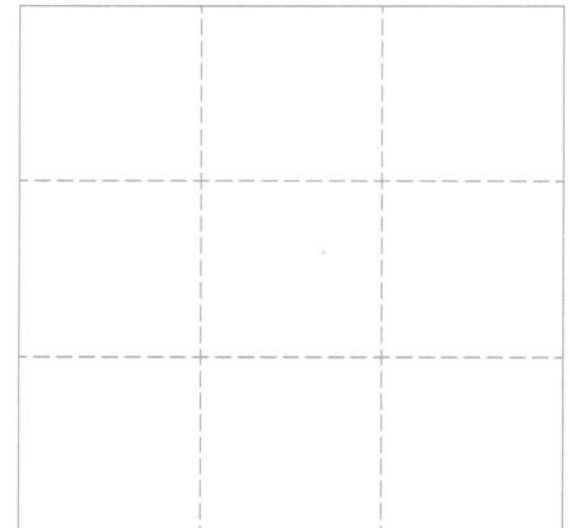

④ 41＋19

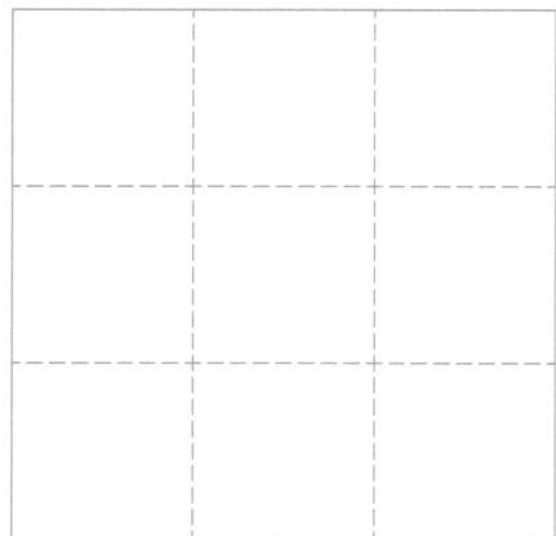

⑤ 15＋57

3 ★ 答(こた)えが 80より 大きく なる しきを ぜんぶ えらびましょう。

（10点）

あ 50＋28　　い 23＋65　　う 14＋72

え 43＋36　　お 34＋47　　か 39＋32

（　　　　　　　）

4 ★ つぎの 計算の 答えが 正しければ ○を、まちがって いれば 正しい 答えを（　）に 書(か)きましょう。（1もん10点）

①

	4	6
＋	3	7
	7	3

（　　　）

②

	3	4
＋	2	6
	6	0

（　　　）

③

	3	3
＋	2	4
	6	7

（　　　）

5 ★★ けんとさんは きのう 本を 36ページ 読(よ)みました。今日(きょう)は、きのうよりも 7ページ 多(おお)く 読みました。

（しき5点・答え5点）

① 今日は 何(なん)ページ 読みましたか。

しき

答え ＿＿＿＿＿＿

② きのうと 今日で あわせて 何ページ 読みましたか。

しき

答え ＿＿＿＿＿＿

ひき算の ひっ算（１）

月　日　名まえ　／100点

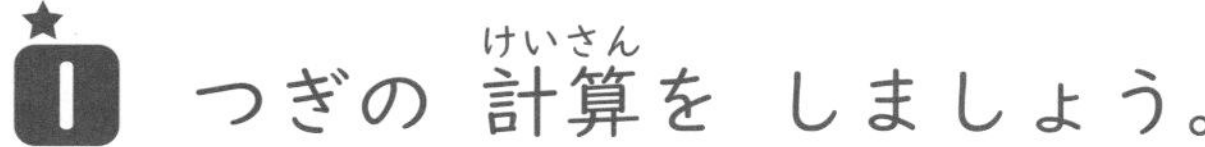

1 つぎの 計算(けいさん)を しましょう。（1もん5点(てん)）

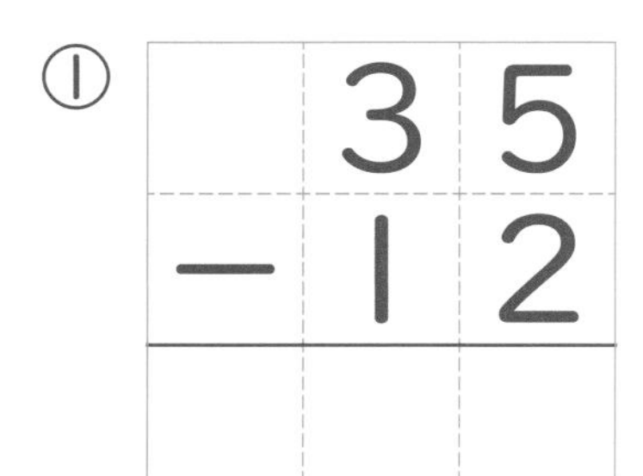

① $\begin{array}{r} 35 \\ -\ 12 \\ \hline \end{array}$

② $\begin{array}{r} 76 \\ -\ 33 \\ \hline \end{array}$

③ $\begin{array}{r} 84 \\ -\ 34 \\ \hline \end{array}$

④ $\begin{array}{r} 65 \\ -\ 40 \\ \hline \end{array}$

⑤ $\begin{array}{r} 68 \\ -\ 64 \\ \hline \end{array}$

⑥ $\begin{array}{r} 59 \\ -\ \ \ 3 \\ \hline \end{array}$

⑦ $\begin{array}{r} 60 \\ -\ 24 \\ \hline \end{array}$

⑧ $\begin{array}{r} 33 \\ -\ 26 \\ \hline \end{array}$

⑨ $\begin{array}{r} 55 \\ -\ \ \ 9 \\ \hline \end{array}$

⑩ $\begin{array}{r} 25 \\ -\ \ \ 7 \\ \hline \end{array}$

⑪ $\begin{array}{r} 87 \\ -\ 49 \\ \hline \end{array}$

★ 2 つぎの 計算を ひっ算で しましょう。

（1もん5点）

① 84－80

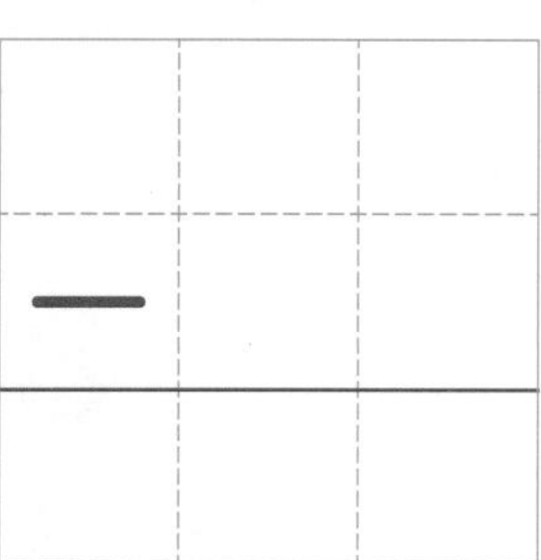

② 95－35

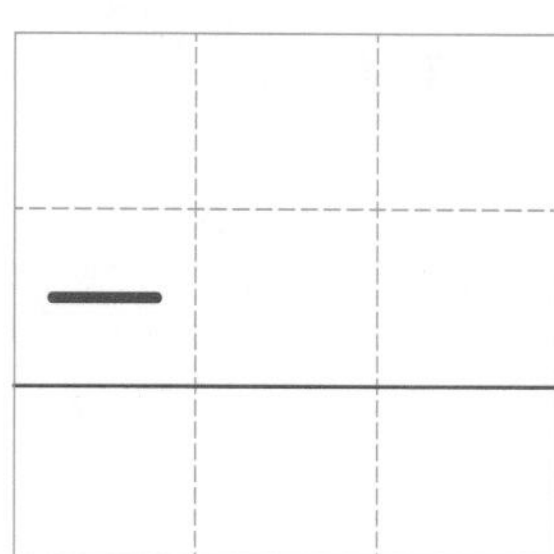

③ 58－51

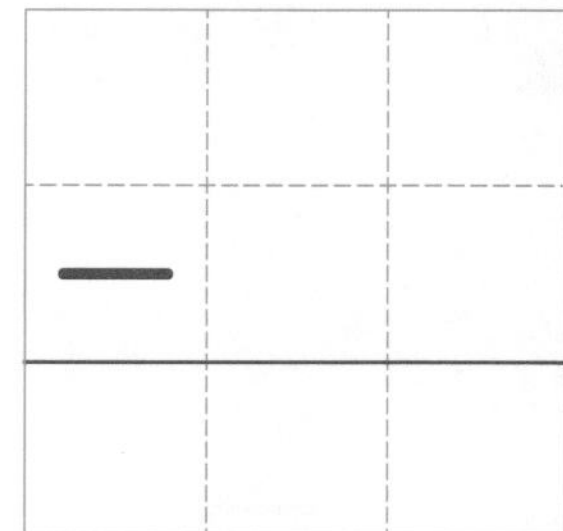

④ 80－6

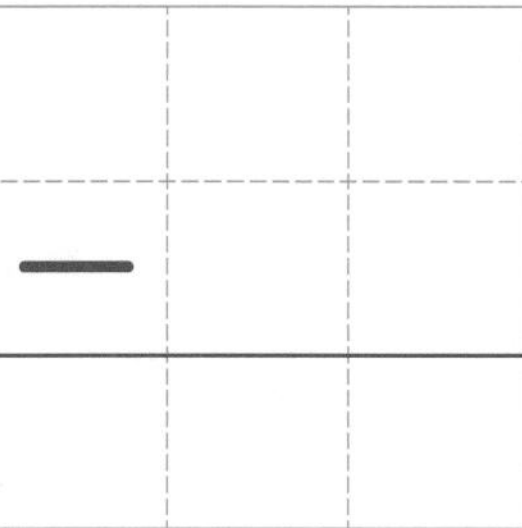

⑤ 96－57

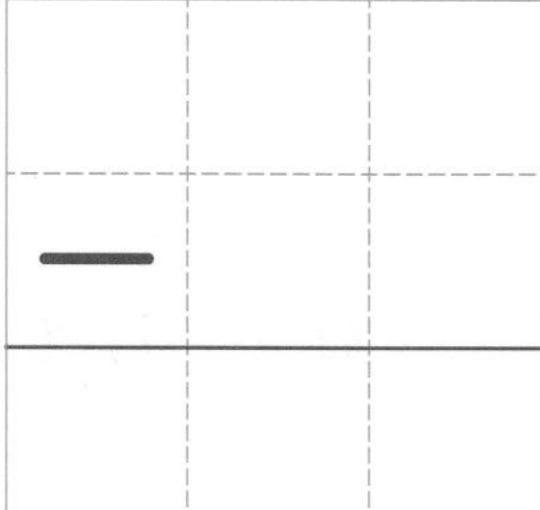

★★ 3 おり紙(がみ)が 48まい ありました。

13まい つかいました。
のこりは 何(なん)まいに なりましたか。

（しき10点・答え10点）

しき

答(こた)え

ひき算の ひっ算（1）

月　日　名まえ　／100点

1 つぎの 計算（けいさん）を しましょう。（1もん5点（てん））

① 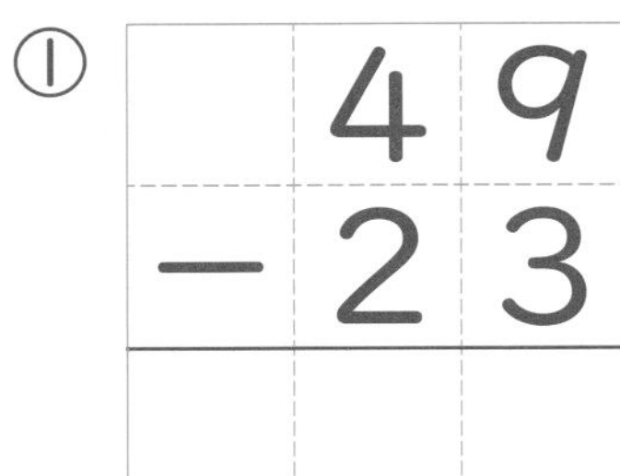

② 74
−20

③ 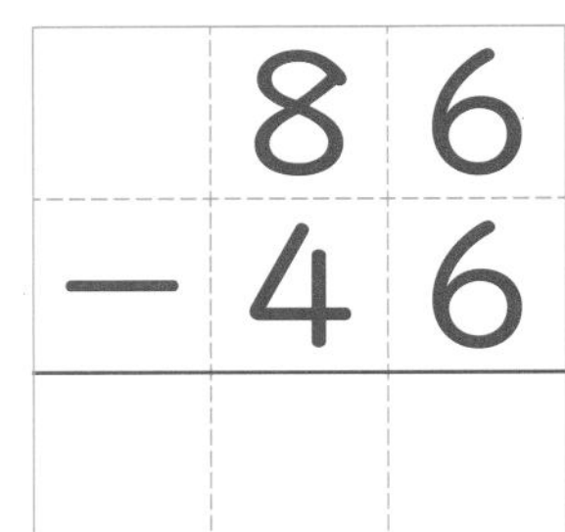

2 つぎの 計算を ひっ算で しましょう。（1もん5点）

① 61−14

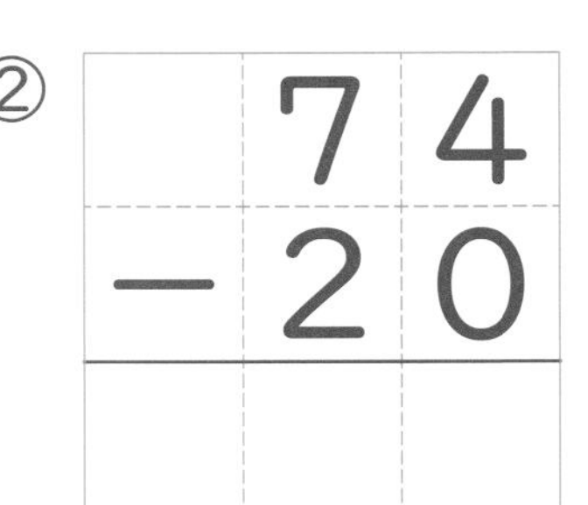

② 47−28

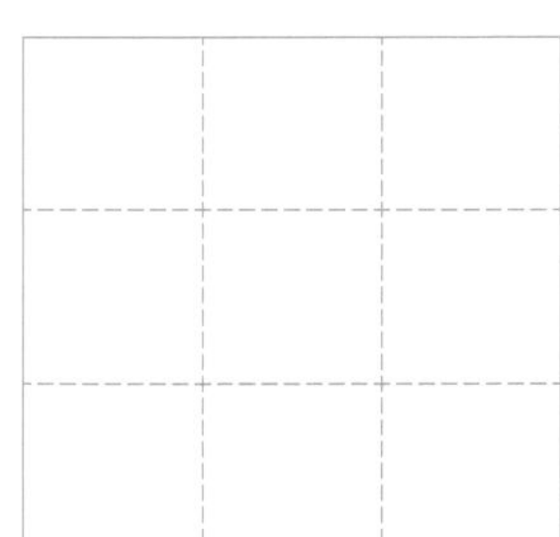

③ 80−58

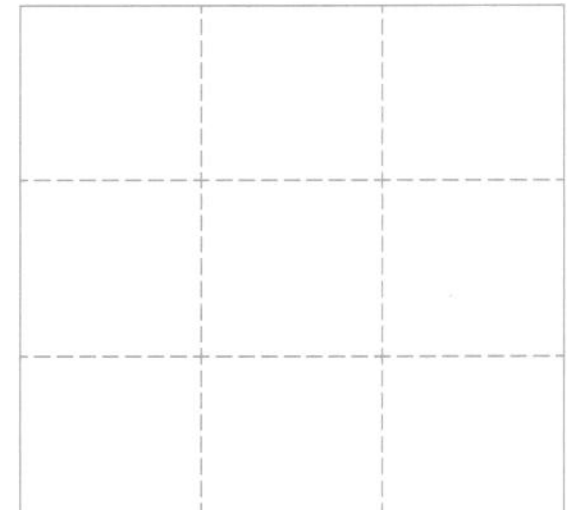

④ 53−7

⑤ 52−29

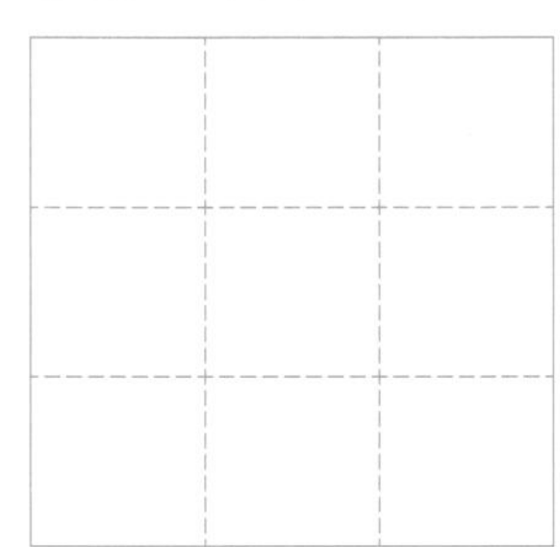

⑥ 98−89

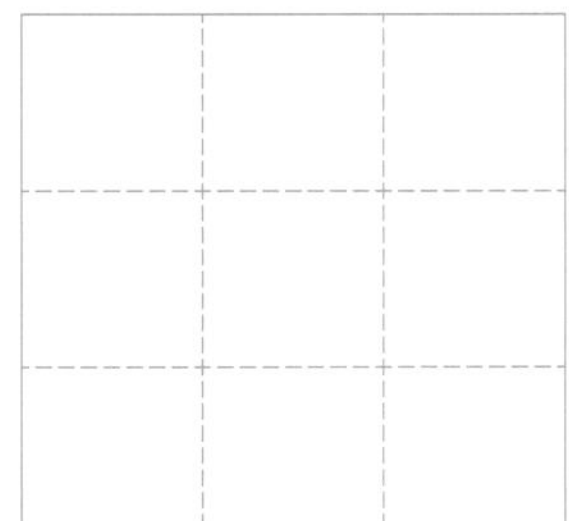

3 つぎの 計算の 答え(こた)が 正しければ ○を、まちがって いれば 正しい 答えを （　）に 書き(か)ましょう。（1もん5点）

①

	7	3
−	5	9
	1	2

（　　　）

②

	5	4
−	2	6
	3	8

（　　　）

③

	4	0
−	2	5
	1	5

（　　　）

4 りなさんは 75円 もって います。
46円の えんぴつを 買い(か)ます。
のこりは いくらに なりますか。（しき10点・答え10点）

しき

答え

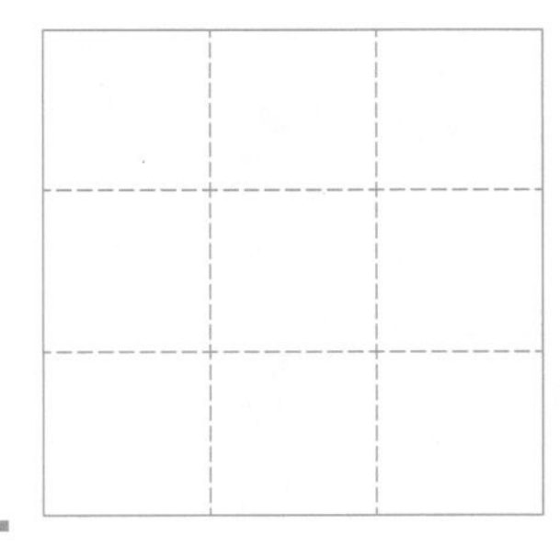

5 48だんの かいだんが あります。25だん のぼりました。
あと 何(なん)だん のこって いますか。（しき10点・答え10点）

しき

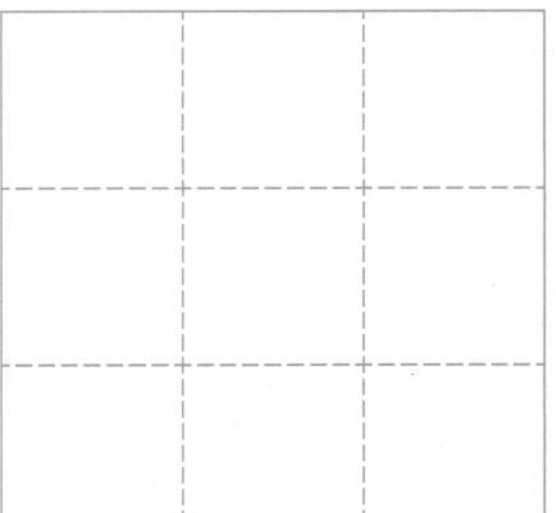

答え

ひき算の ひっ算（1）

月　日　名まえ　／100点

1 つぎの 計算(けいさん)を しましょう。（1もん5点(てん)）

① 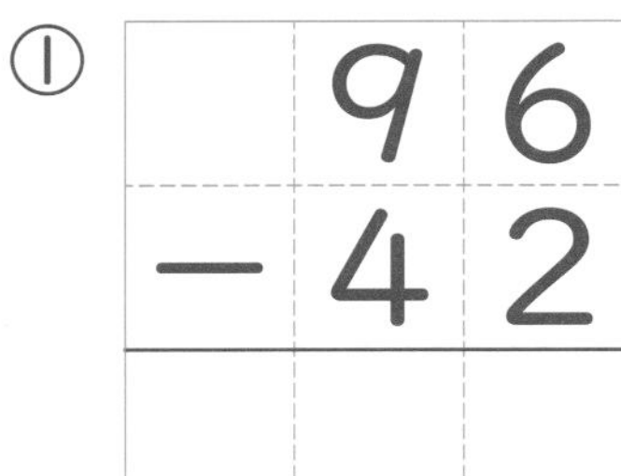

$$\begin{array}{r} 96 \\ -42 \\ \hline \end{array}$$

② 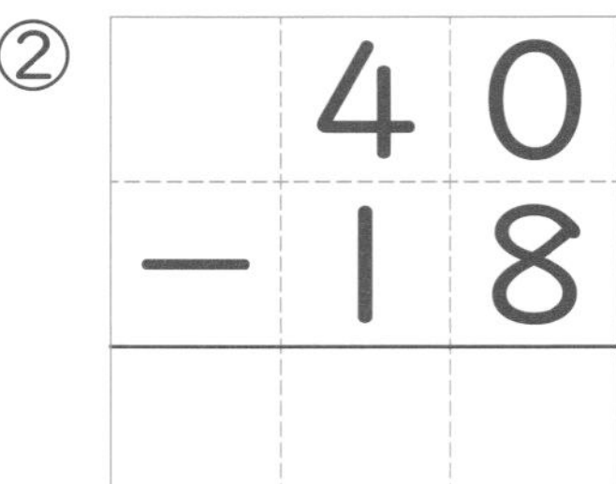

$$\begin{array}{r} 40 \\ -18 \\ \hline \end{array}$$

③ 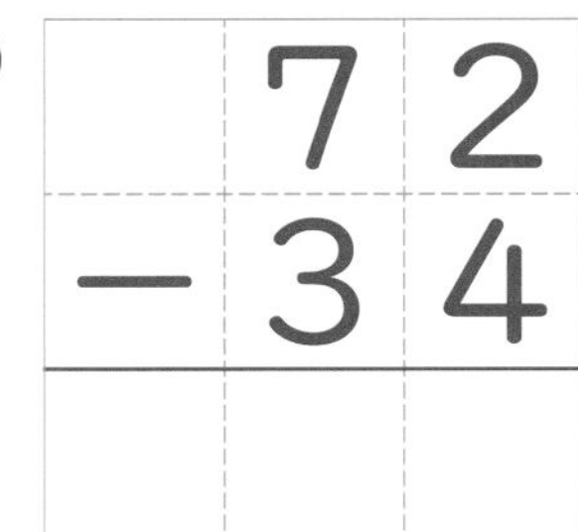

$$\begin{array}{r} 72 \\ -34 \\ \hline \end{array}$$

2 つぎの 計算を ひっ算で しましょう。（1もん5点）

① 45－38

② 26－8

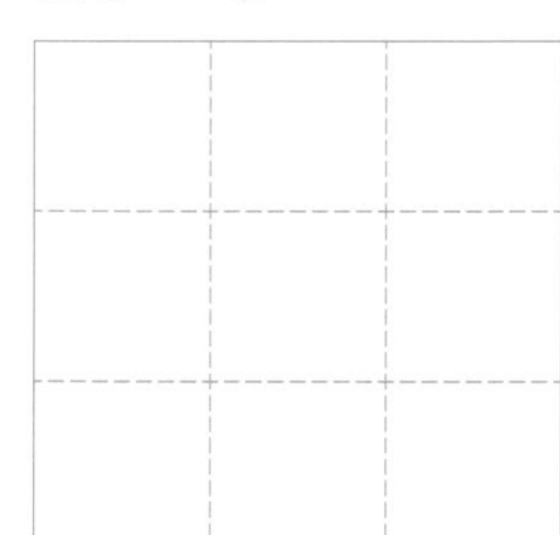

③ 90－5

④ 64－47

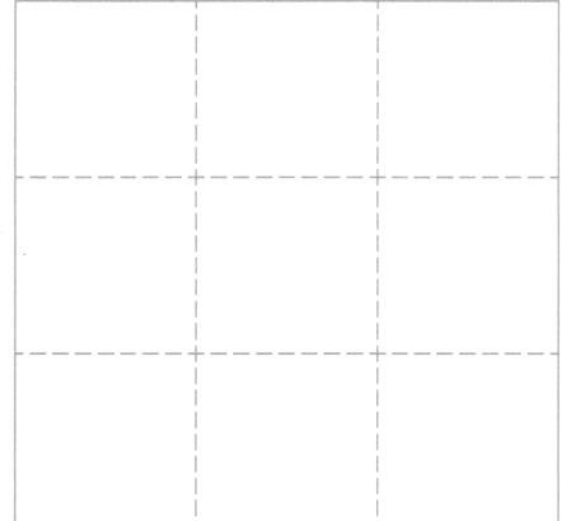

⑤ 70－26

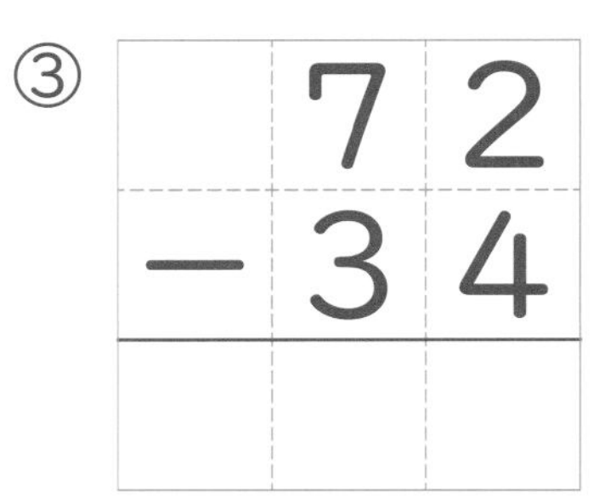

⑥ 34－29

3 ひき算と 答(こた)えの たしかめに なる たし算が あうように、線(せん)で むすびましょう。（1もん5点）

〈ひき算〉

① 41－15

② 83－50

③ 24－7

〈たしかめ〉

あ 17＋7

い 17＋15

う 33＋50

え 26＋15

4 教室(きょうしつ)に 子どもが 36人 いました。18人が 外(そと)へ あそびに 行(い)きました。教室に のこって いるのは 何人(なんにん)ですか。（しき10点・答え10点）

しき

答え

5 90円で、36円の ビスケットと、下の どれか 1つを 買(か)います。買える ものには ○を、買えない ものには ×を つけましょう。（（ ）1つ5点）

ジュース	チョコレート	あめ	キャラメル
48円	52円	59円	63円
（ ）	（ ）	（ ）	（ ）

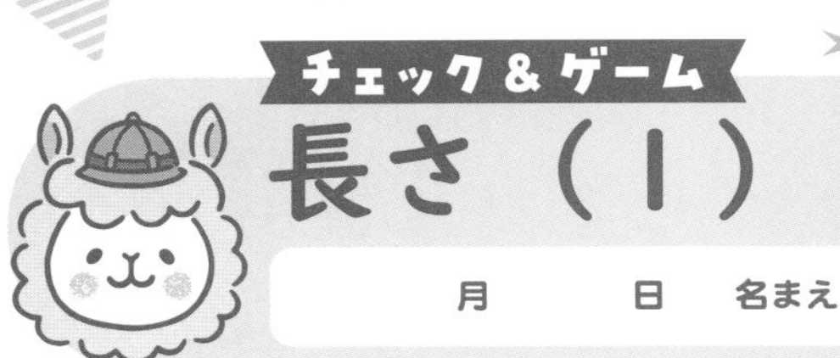

長さ（１）

月　　日　名まえ

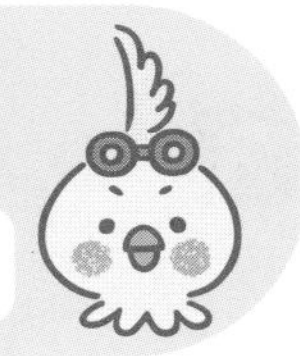

1 ゴールまで　いちばん　はやく　行けるのは　どの　道かな？

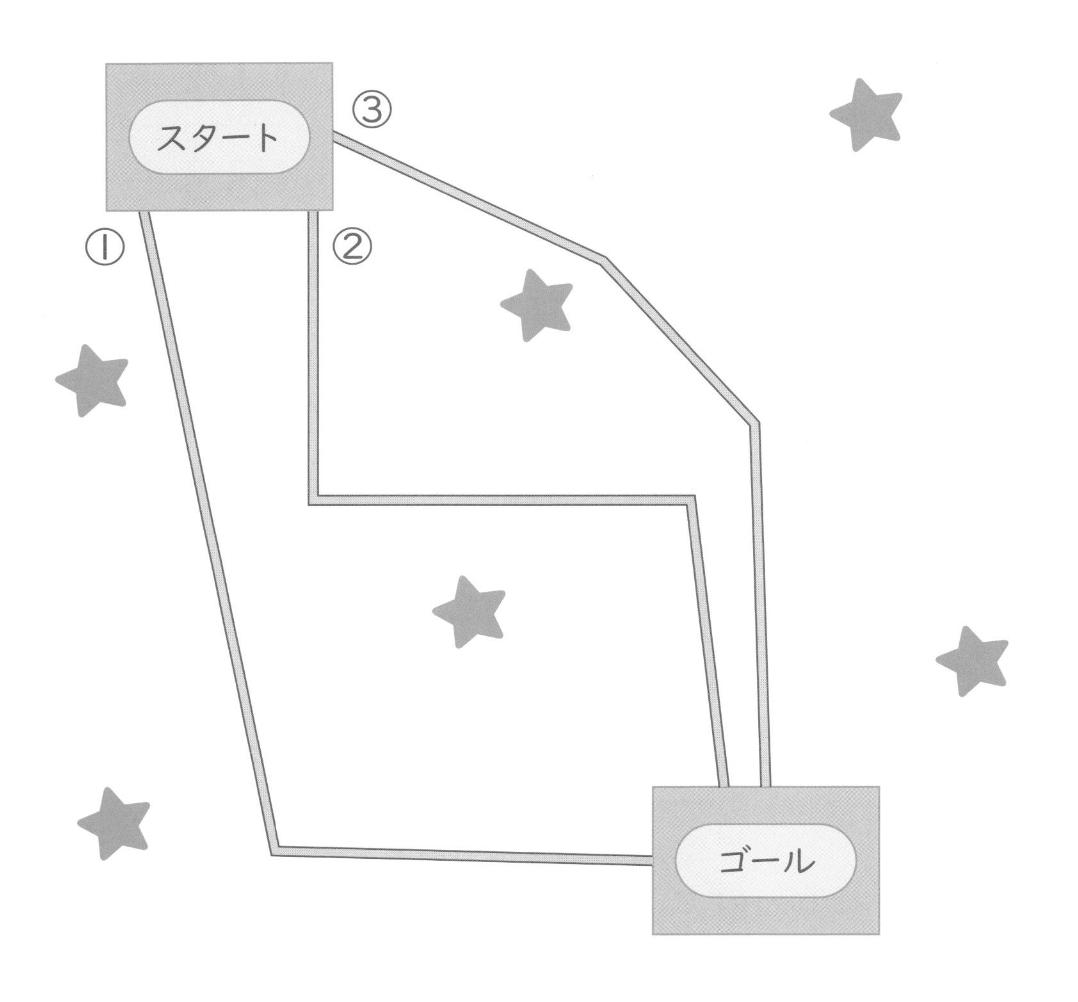

スタート
③
①
②
ゴール

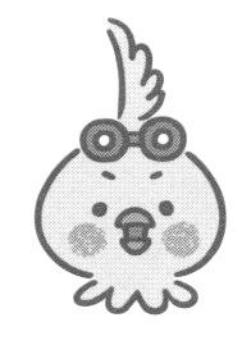

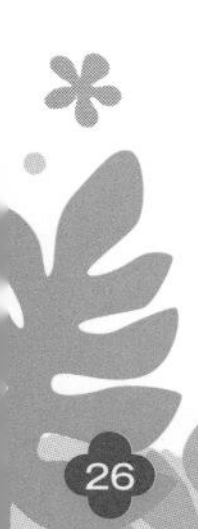

はやく　行けるのは…（　　　　　）

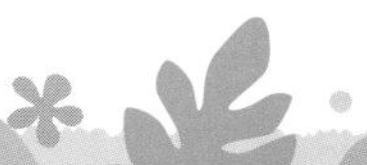

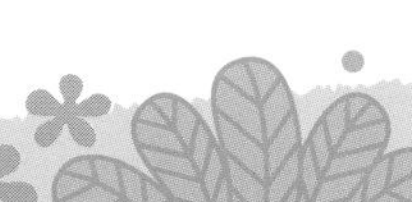

2 うさこさん の 今日(きょう)の おやつは 何(なに)かな？

下の お手紙(てがみ)を 読(よ)んで、ものさしで 線(せん)を ひいて すすんで みよう！

うさこへ
　おやつは、下に 1cm、右に 4cm、
　下に 5cm、左に 7cm、下に 1cm
　行った ところに あるよ。
ママより

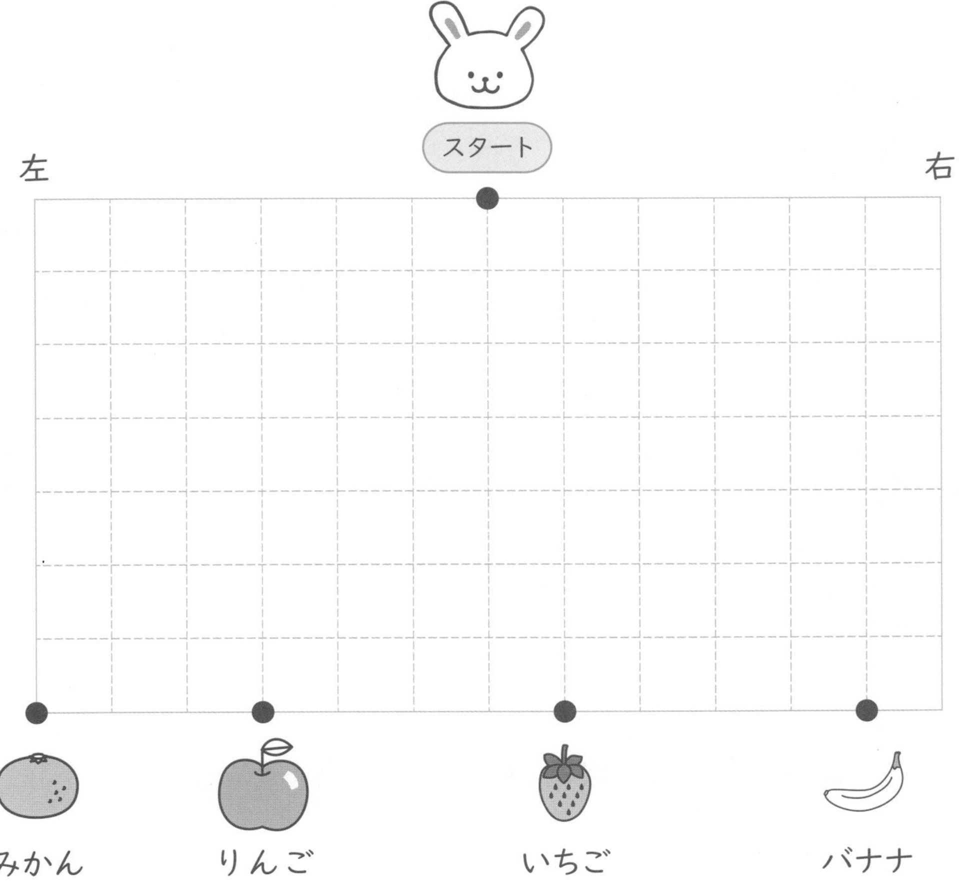

おやつは…（　　　　　）

長さ（1）

月　日　名まえ

／100点

ようい　するもの…ものさし

1 長さを　正しく　はかって　いるのは　どれですか。（10点）

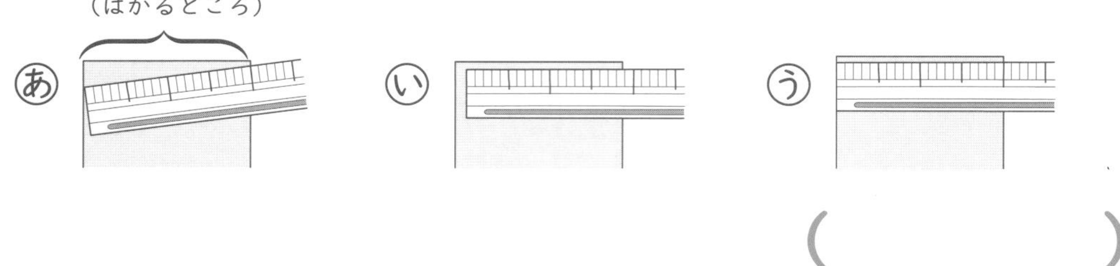

（　　　）

2 ものさしの　左はしから　①、②、③、④までの　長さを　書きましょう。（1もん5点）

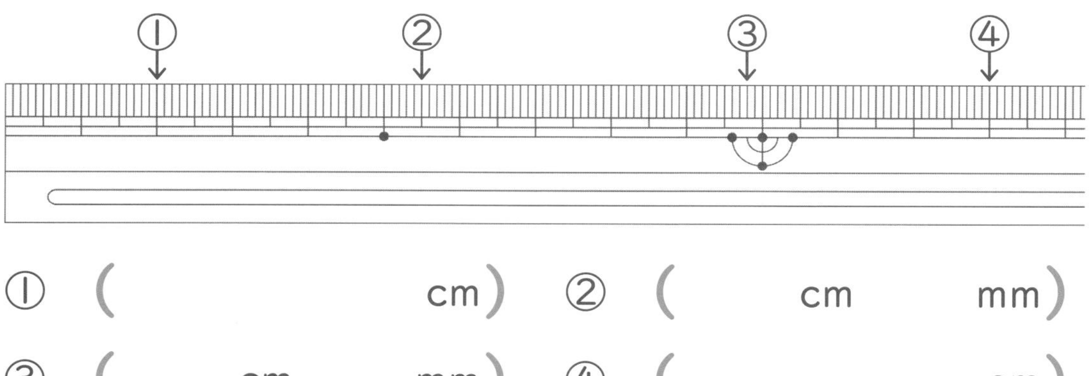

①（　　　cm）　②（　　cm　　mm）

③（　　cm　　mm）　④（　　　cm）

3 つぎの　長さの　直線を　•から　かきましょう。（1もん10点）

① 4cm　•

② 3cm5mm　•

★
4 つぎの 直線の 長さを 書きましょう。 (10点)

(cm mm)

★
5 □に あてはまる 数(かず)を 書きましょう。 (1もん5点)

① 1cm＝□mm

② 30mm＝□cm

③ 2cm7mm＝□mm

④ 43mm＝□cm□mm

★
6 つぎの 計算(けいさん)を しましょう。 (1もん5点)

① 5cm＋3cm

② 6cm＋7cm

③ 10cm－6cm

④ 15cm8mm－5cm

長さ（1）

月　日　名まえ　／100点

ようい するもの…ものさし

1 （　）に あてはまる 長さ(なが)の たんいを 書き(か)ましょう。（1もん5点(てん)）

① ノートの あつさ　4（　　）

② ボールペンの 長さ　16（　　）

2 ものさしの 左はしから ①、②、③、④までの 長さを 書きましょう。（1もん5点）

① ② ③ ④

①（　　）　②（　　）

③（　　）　④（　　）

3 つぎの テープの 長さを 書きましょう。（1もん5点）

①（　　）

②（　　）

4 □に あてはまる 数(かず)を 書きましょう。 （1もん5点）

① 7 cm＝□mm

② 80mm＝□cm

③ 57mm＝□cm□mm

④ 3 cm 4 mm＝□mm

5 つぎの 計算(けいさん)を しましょう。 （1もん5点）

① 4 cm＋5 cm

② 8 cm＋3 cm

③ 10cm－4 cm

④ 6 cm 7 mm－4 cm 2 mm

6 2本の テープが あります。長さの ちがいを もとめましょう。

（しき10点・答え10点）

7 cm 8 mm

5 cm 4 mm

しき

答(こた)え

よそうとくてん…　　点

ようい するもの…ものさし

1 （　）に あてはまる 長さの たんいを 書きましょう。

（1もん5点）

① 1円玉の 大きさ　20（　　）

② 教科書の あつさ　6（　　）

2 あから いまでの 長さを 書きましょう。（10点）

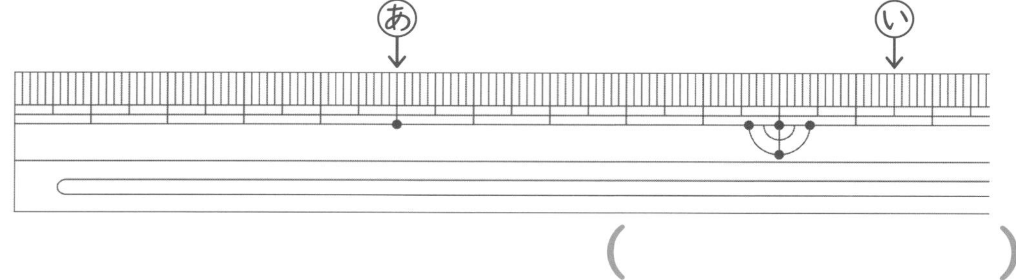

（　　）

3 つぎの 直線の 長さを 書きましょう。（1もん5点）

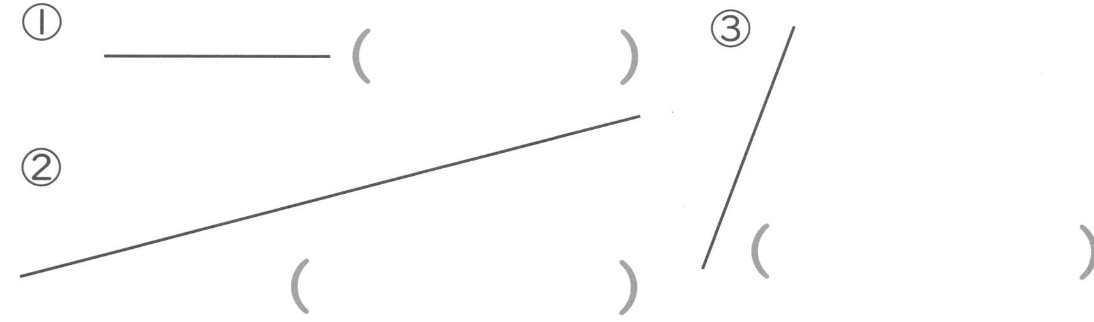

① （　　）

② （　　）

③ （　　）

4 つぎの 長さの 直線を •から かきましょう。（1もん5点）

① 5cm 6mm　•

② 48mm　•

★
5 □に あてはまる 数(かず)を 書きましょう。 （1もん5点）

① 1mmは、1cmを □ こに 分(わ)けた 1つ分(ぶん)の 長さです。

② 7cmは、1cmの □ つ分の 長さです。

★
6 つぎの ㋐、㋑、㋒を 長い じゅんに ならべましょう。（5点）

㋐ 2cm5mm　　㋑ 19mm　　㋒ 2cm

（　　→　　→　　）

★
7 つぎの 計算(けいさん)を しましょう。 （1もん5点）

① 12cm5mm＋4cm

② 8cm7mm＋2mm

③ 13cm6mm－2cm

④ 9cm8mm－1cm5mm

★★
8 長さ 8cmの ひもと、長さ 11cm3mmの ひもが あります。

① あわせた 長さを もとめましょう。 （しき5点・答え5点）

しき

答(こた)え

② 長さの ちがいを もとめましょう。

しき

答え

よそうとくてん…□点

チェック＆ゲーム

100より 大きい 数

月　日　名まえ

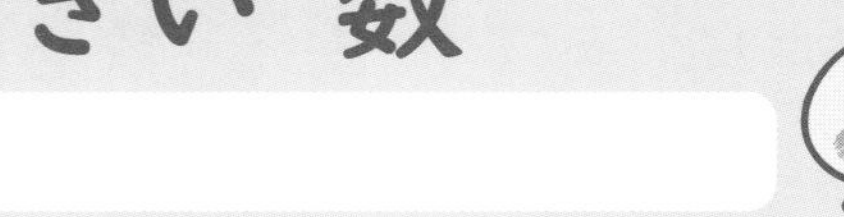

1 50ずつ 大きく なるように すすんで ゴールまで 行(い)こう！

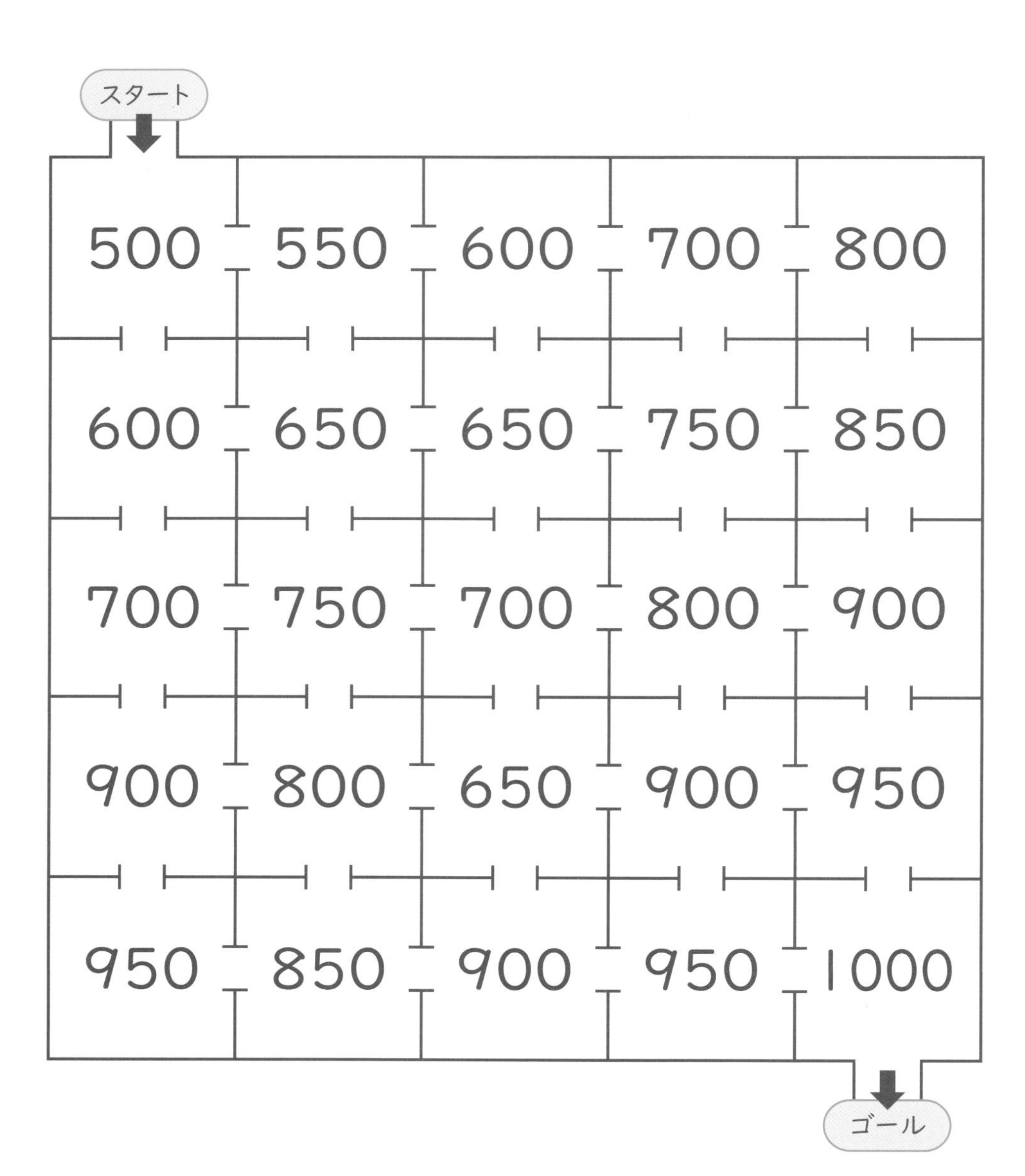

スタート

500	550	600	700	800
600	650	650	750	850
700	750	700	800	900
900	800	650	900	950
950	850	900	950	1000

ゴール

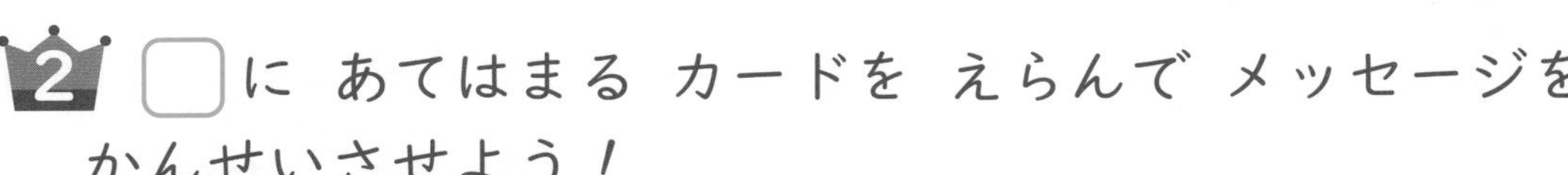

2 □に あてはまる カードを えらんで メッセージを かんせいさせよう！

① $465 < 4\square5$

② $\square79 < 276$

③ $348 = 3\square8$

④ $81\square > 815$

⑤ $2\square6 > 245$

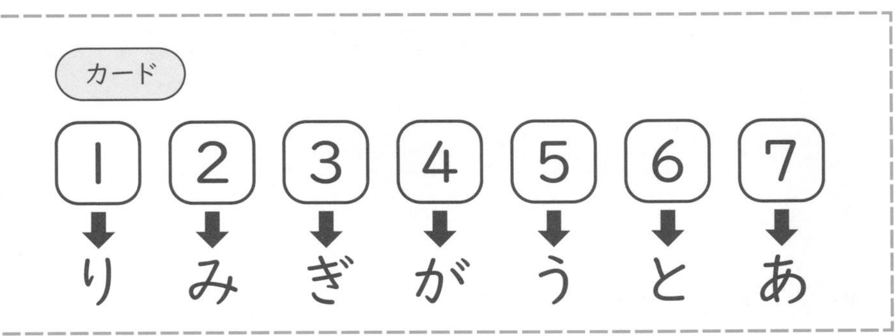

ひらがなに して 読(よ)むと…

①	②	③	④	⑤

100より 大きい 数

月　日　名まえ　／100点

1 いくつですか。数を 数字で 書きましょう。（1もん10点）

①

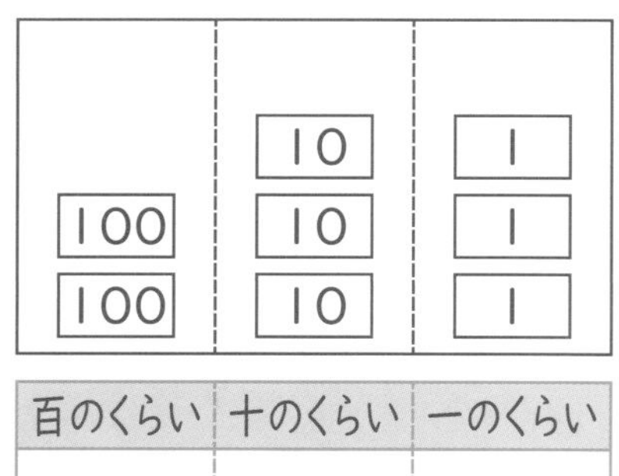

百のくらい	十のくらい	一のくらい

②

	10	
	10	
	10	
100	10	

百のくらい	十のくらい	一のくらい

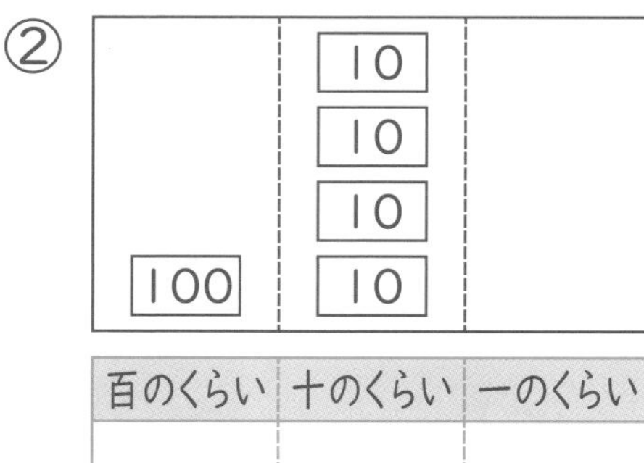

2 つぎの 文を しきに あらわしましょう。（5点）

300と 8を あわせた数は、308です。

□ ＋ □ ＝ □

3 つぎの 数を 数字で 書きましょう。（1もん5点）

① 百七十六

② 100を 2こ、10を 8こ、1を 5こ あわせた 数

③ 1000より 1 小さい 数

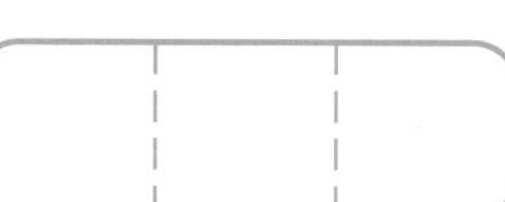

4 □に あてはまる 数を 書きましょう。 （1もん5点）

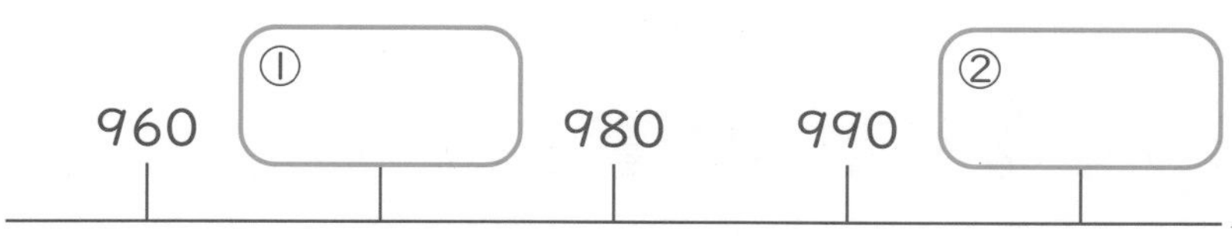

5 □に あてはまる ＞、＜を 書きましょう。 （1もん5点）

① 91 □ 103　　② 487 □ 502

6 つぎの 計算（けいさん）を しましょう。 （1もん5点）

① 40＋40　　② 80－60

③ 30＋80　　④ 150－90

7 あめと ドーナツを 買（か）います。
あわせて 何円（なんえん）ですか。 （しき10点・答え10点）

 30円　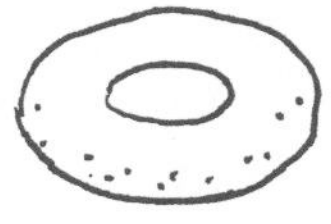 90円

しき

答（こた）え

100より 大きい 数

月　日　名まえ　／100点

★
1 いくつですか。数(かず)を 数字(すうじ)で 書(か)きましょう。（1もん5点(てん)）

①
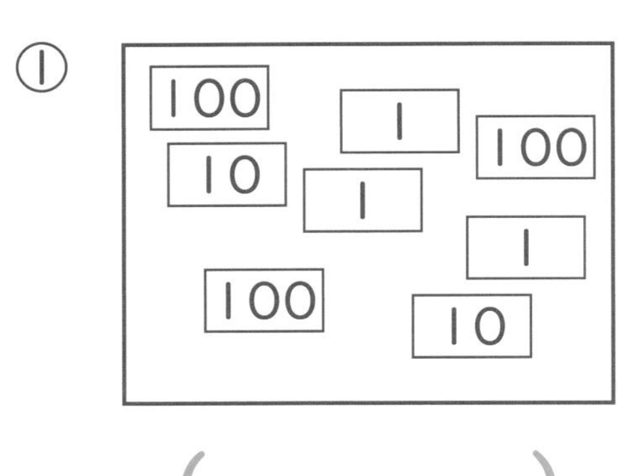

（　　　　）

②
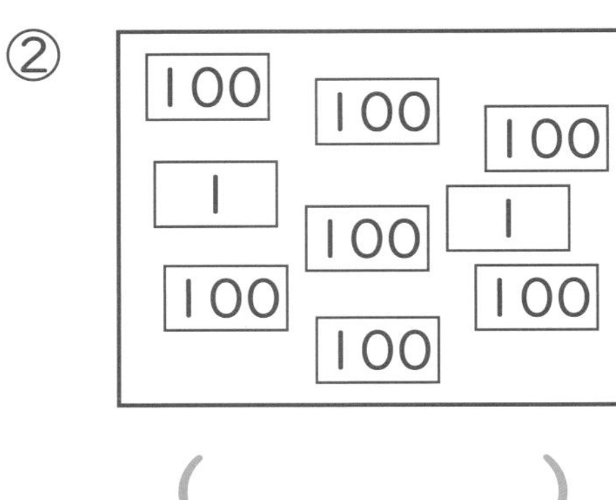

（　　　　）

★
2 つぎの 数を 数字で 書きましょう。（1もん5点）

① 三百五十七　（　　　　）

② 100を 6こ、10を 2こ、1を 9こ あわせた 数

（　　　　）

③ 990より 10 大きい 数　（　　　　）

④ 1000は 10を 何(なん)こ あつめた 数ですか。

（　　　　）こ

★
3 □に あてはまる 数を 書きましょう。（1もん5点）

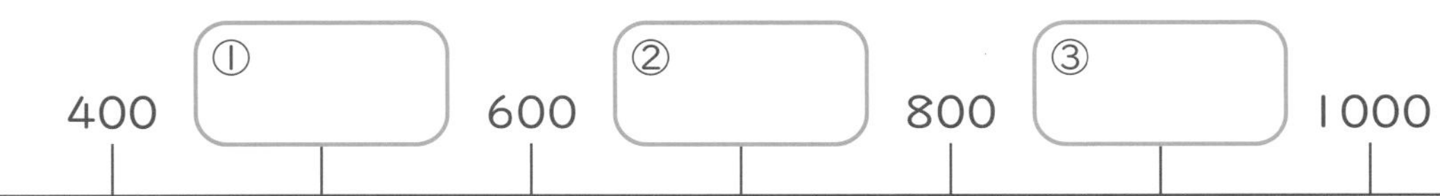

★
4 □に あてはまる ＞、＜を 書きましょう。 （1もん5点）

① 432 □ 324　　② 638 □ 629

★
5 つぎの 計算(けいさん)を しましょう。 （1もん5点）

① 50＋60　　② 90＋40

③ 120－80　　④ 1000－400

⑤ 700－300

★★
6 みほさんは 130円(えん) もって います。60円の ものさしを 買(か)うと、のこりは 何円に なりますか。 （しき5点・答え5点）

しき

答(こた)え

★★
7 おり紙(がみ)を 80まい もって います。
50まい もらうと、ぜんぶで 何まいに なりますか。
（しき5点・答え5点）

しき

答え

よそうとくてん… □ 点

100より 大きい 数

月　　日　名まえ　　／100点

1 つぎの 数を 数字で 書きましょう。 （1もん5点）

① 八百五十三　（　　　）

② 100を 6こ、1を 7こ あわせた 数　（　　　）

③ 10を 48こ あつめた 数　（　　　）

④ 600より 1 小さい 数　（　　　）

⑤ 720は 10を 何こ あつめた 数ですか。

（　　　）こ

2 □に あてはまる 数を 書きましょう。 （1もん5点）

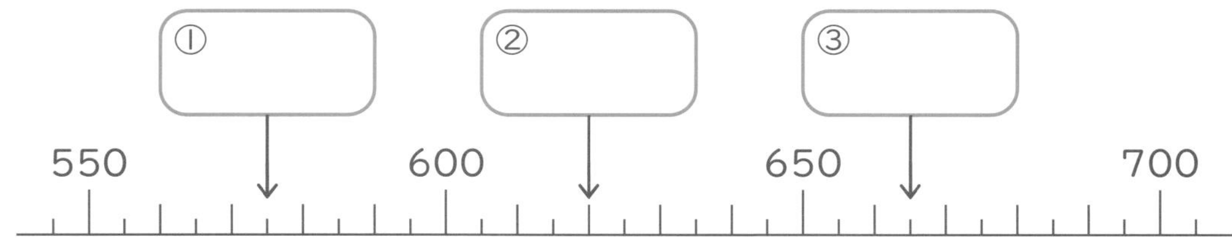

3 □に あてはまる >、<を 書きましょう。 （1もん5点）

① 20＋90 □ 112

② 719 □ 770－70

★
4 □に あてはまる 数を ［　　］から すべて えらんで、（　）に 書きましょう。 （それぞれぜんぶできて5点）

① $700 - \square < 400$ （　　　　　　　　）

② $350 - 50 > \square$ （　　　　　　　　）

［ 100　　200　　300　　400　　500 ］

★
5 つぎの 計算を しましょう。 （1もん5点）

① $90 + 90$　　　② $100 + 800$

③ $120 - 50$　　　④ $1000 - 600$

★★
6 ひろみさんは おり紙を 110まい もって います。20まい つかうと、のこりは 何まいですか。 （しき5点・答え5点）

しき

答え ＿＿＿＿＿＿＿＿

★★
7 けいたさんは 200円 もって いました。お母さんから 600円 もらいました。ぜんぶで いくらに なりましたか。

（しき5点・答え5点）

しき

答え ＿＿＿＿＿＿＿＿

よそうとくてん…　　点

水の かさ

月　　日　名まえ

水そうから、1Lの 水を くんで ビンに うつしかえるよ。
下の 3つの ますだけを つかって できるかな？

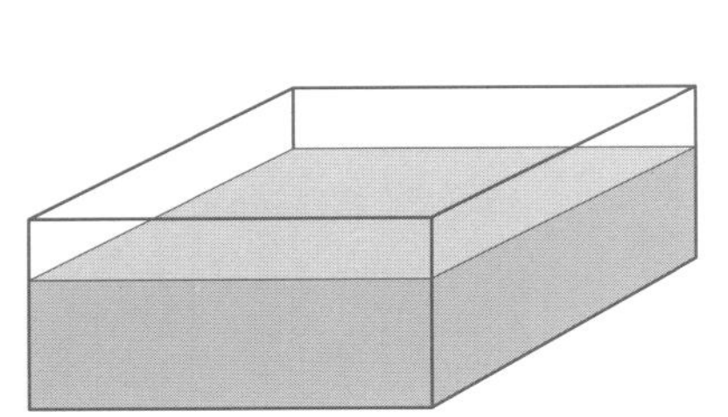
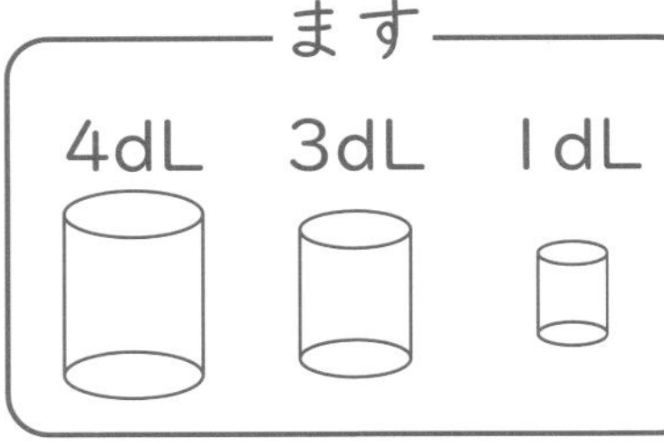

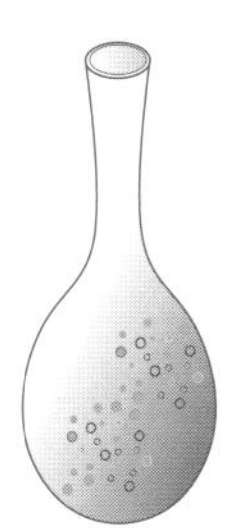

1Lは 10dLだから、3つの 数字(すうじ)を
つかって 10を つくれば いいね！
数字は ぜんぶ つかわなくても いいよ。

ふむふむ…… ひらめいた！
4dLます □ はい、1dLます □ はい！

答(こた)えは たくさん あるよ。
さがして みよう！

2 かさが 多(おお)い方を 通(とお)って ゴールまで 行(い)こう！

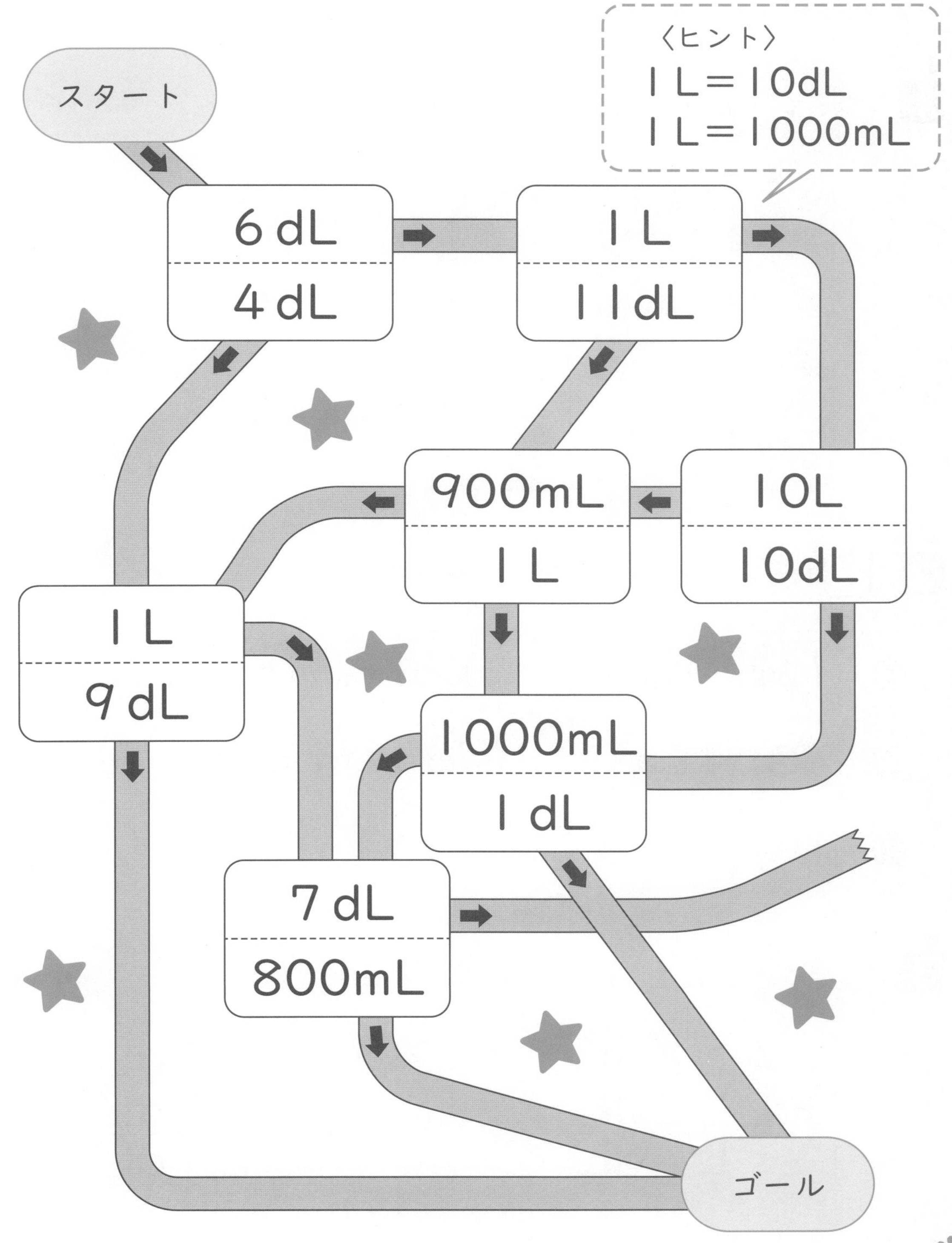

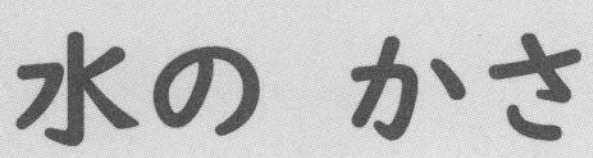

水の かさ

月　日　名まえ　／100点

1 つぎの かさは どれだけですか。（1もん10点）

①

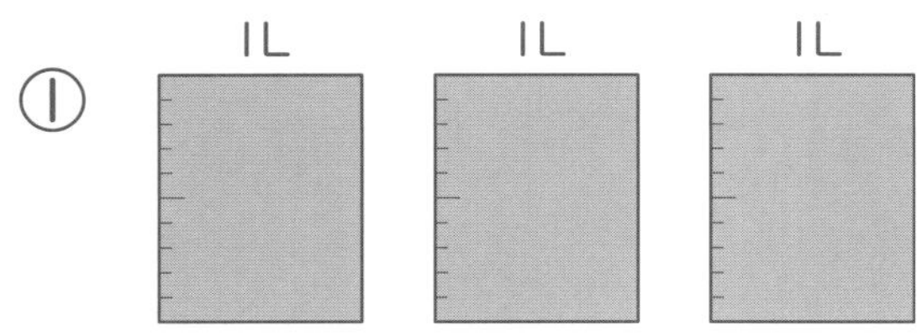

（　　　L）

②

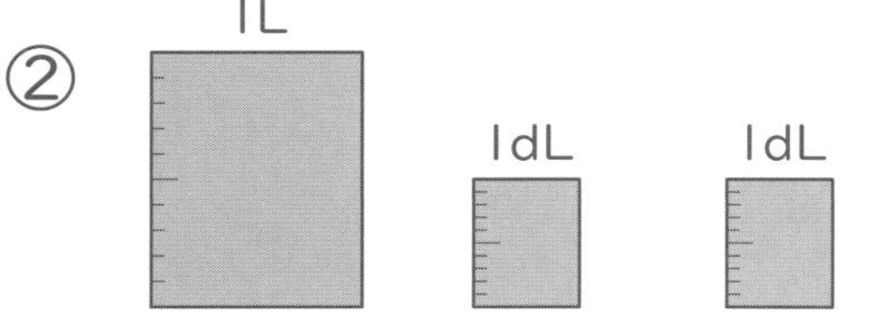

（　　L　　dL）

2 □に あてはまる 数を 書きましょう。（1もん5点）

① lLは、ldLを□あつめた かさです。

② 4Lは lLの□つ分の かさです。

③ lL＝□mL

3 つぎの 計算を しましょう。（1もん5点）

①

4L3dL
＋2L2dL
L　dL

②

5L3dL
－3LldL
L　dL

③ 4L5dL－3L

★
4 かさの 多い 方に ○を つけましょう。 （1もん5点）

①
- あ（　　）5L
- い（　　）4L5dL

②
- あ（　　）10dL
- い（　　）3L

③
- あ（　　）3000mL
- い（　　）2L

★
5 かさの たんい（L、dL、mL）を □ に 書きましょう。
（1もん5点）

① パックに 入った 牛にゅう …200 □

② バケツ いっぱいに 入った 水 …7 □

③ ヨーグルトドリンク …150 □

★★
6 ポットに 水が 3L 入って います。やかんには 1L2dL 入って います。あわせると 何L何dLに なりますか。
（しき10点・答え10点）

しき

答え

よそうとくてん… 　点

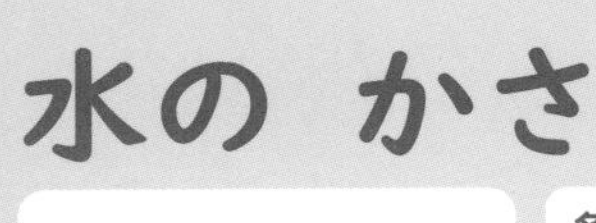

水の かさ

月　日　名まえ　／100点

1 つぎの かさは どれだけですか。（1もん10点）

①

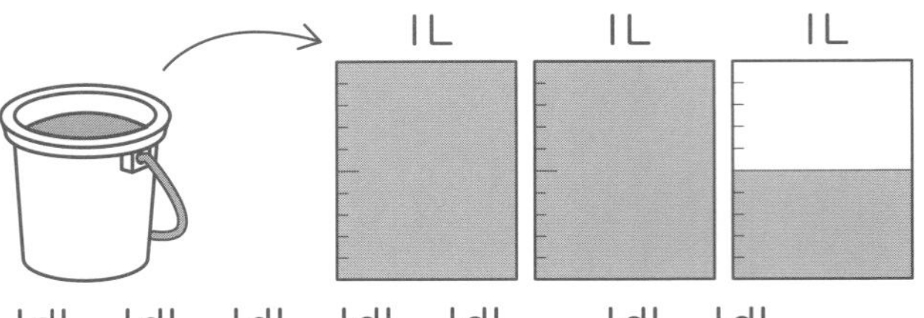

（　L　dL）

②

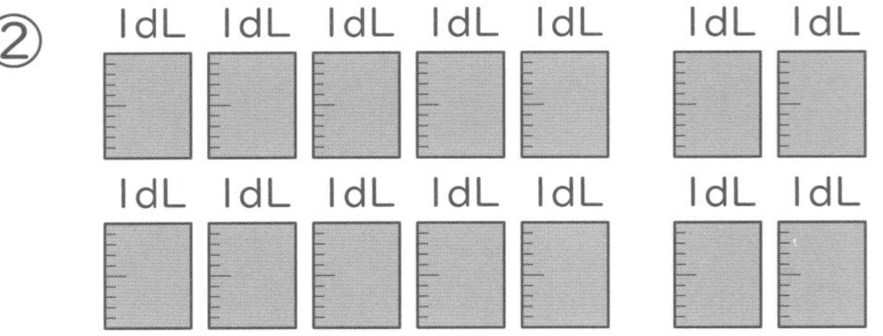

（　L　dL）

2 かさの たんいを □ に 書きましょう。（1もん10点）

① ペットボトルに 入った のみもの … 500 □

② 10dL＝1 □

3 つぎの 計算を しましょう。（1もん5点）

①

4L6dL
＋3L3dL
L　dL

②

6L7dL
－3L4dL
L　dL

③ 2L7dL－6dL

④ 3L＋5L4dL

★

4 かさの 多(おお)い 方(ほう)に ○を つけましょう。

（1もん5点）

① ㋐（　　）7000mL
　 ㋑（　　）6L

② ㋐（　　）90mL
　 ㋑（　　）1L

③ ㋐（　　）2L
　 ㋑（　　）10dL

④ ㋐（　　）800mL
　 ㋑（　　）7dL

★★

5 つぎの かさは どれだけですか。

（しき5点・答え5点）

㋐

㋑

㋐の 水とうには 1L、
㋑の 水とうには 1L2dLの 水が
入って います。

① 水は あわせて どれだけ ありますか。

しき

答(こた)え

② かさの ちがいは どれだけですか。

しき

答え

水の かさ

月　日　名まえ　／100点

1 つぎの かさは 何L何dLですか。また、何dLですか。

（（　）1つ5点）

①

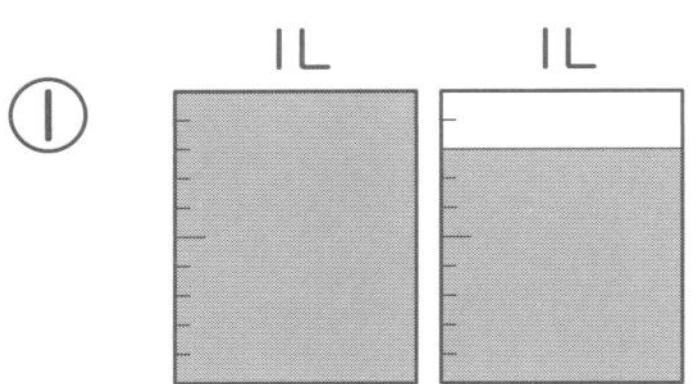

（　　L　　dL）

（　　dL）

②

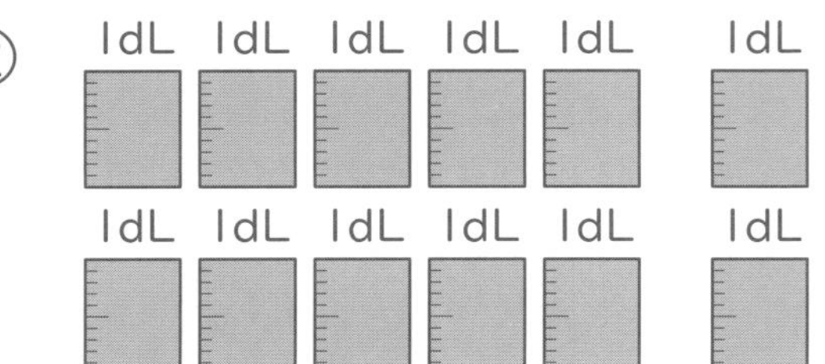

（　　L　　dL）

（　　dL）

2 つぎの ㋐、㋑、㋒を、かさの 多い じゅんに ならべましょう。

（10点）

㋐

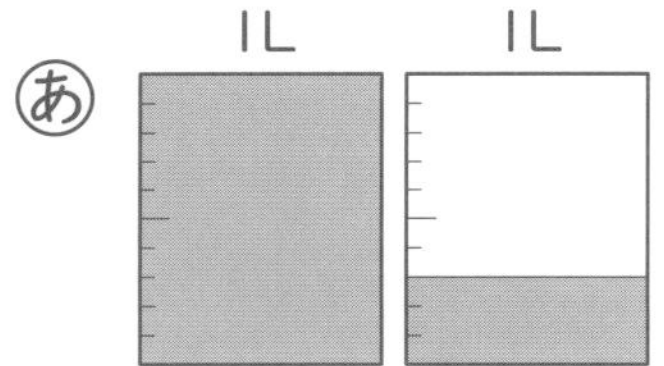

㋑

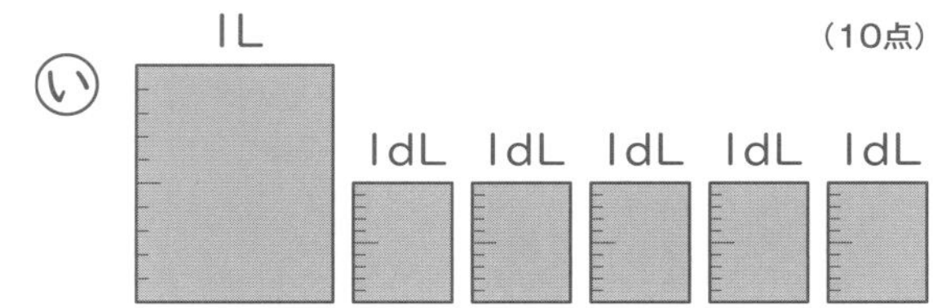

㋒

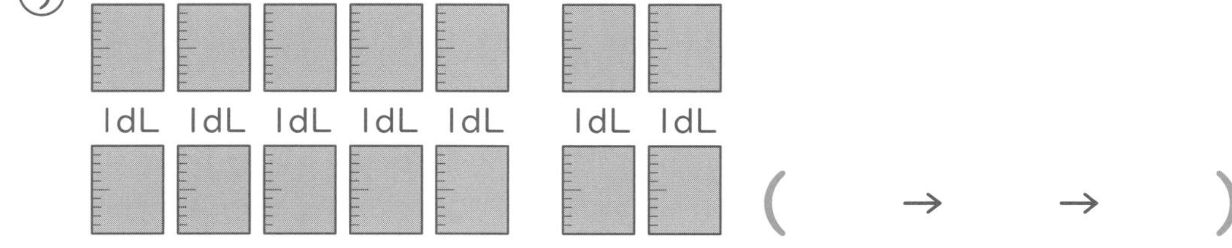

（　　→　　→　　）

3 （　）に あてはまる 数を 書きましょう。

（1もん5点）

① 1 L＝（　　　）dL

② 1 dL＝（　　　）mL

③ 1 L＝（　　　）mL

★
4 かさの たんいを □ に 書きましょう。 (1もん5点)

① 水そう いっぱいに 入った 水 … 8 □

② ペットボトル 1本分 … 500 □

③ コップ 1ぱい分 … 2 □

★
5 つぎの 計算を しましょう。 (1もん5点)

① 2L4dL＋5L

② 3L7dL＋3dL

③ 5L9dL－4dL

④ 1L－6dL

★★
6 お茶が ポットに 1L6dL、水とうに 2dL 入って います。 (しき5点・答え5点)

① お茶は あわせて どれだけ ありますか。

しき

答え

② かさの ちがいは どれだけですか。

しき

答え

時こくと 時間

月　　日　名まえ

1 □に あてはまる 数字(すうじ)を 書(か)いて、その数(かず)が 小さい じゅんに ひらがなを ならべかえよう。どんな ことばに なるかな？出て きた ことばの 答(こた)えも 書いて みよう。

(じ) 1時間(じかん)は、□分(ぷん)。

(な) 午前(ごぜん)、午後(ごご)は、それぞれ □時間。

(ま) 時計(とけい)の 長(なが)い はりが 2まわり すると □時間。

(い) 時計の 長い はりは、□分間に 1めもり すすむ。

(ん) 1日は、□時間。

出て きた ことば

左の 答え

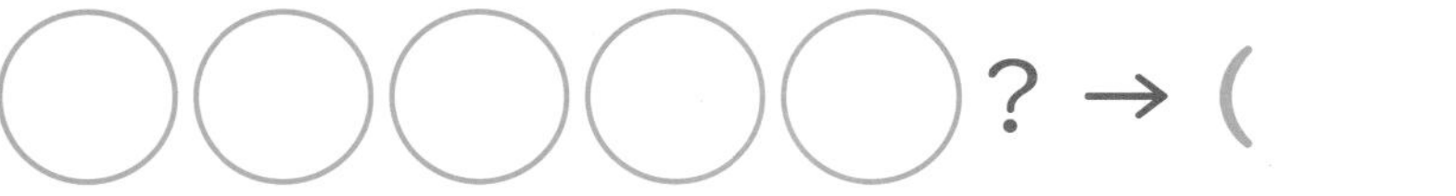

？→（　　　　　　）

2 １日の間(あいだ)で、時計が すすむ じゅんに ゴールまで 行(い)こう！

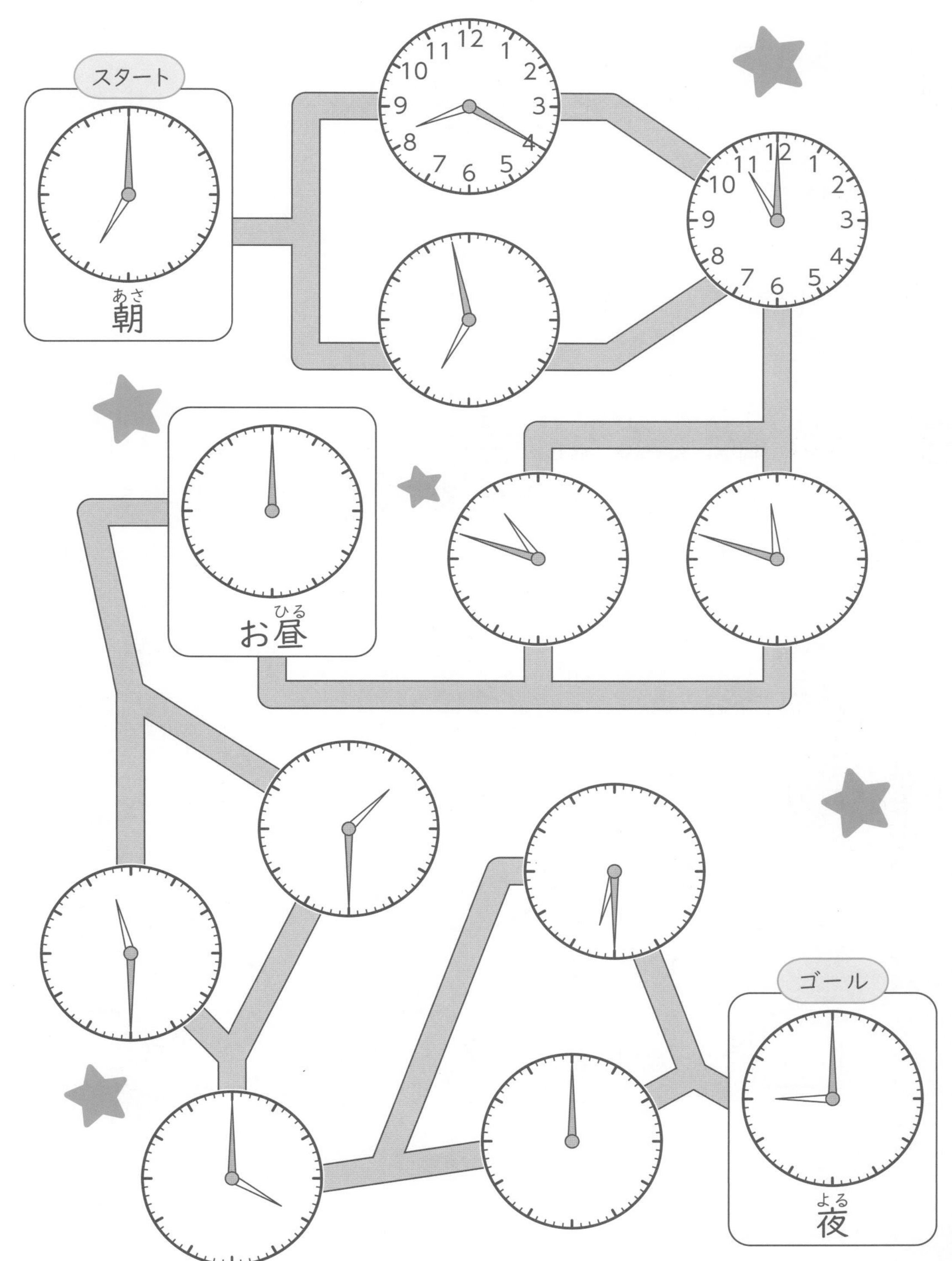

時こくと 時間

月　　日　名まえ　　　／100点

1 （　）に あてはまる 数を 書きましょう。（1もん10点）

① 1時間＝（　　　）分

② 1日＝（　　　）時間

2 つぎの 時こくを、午前、午後を つかって あらわします。
（　）には 午前か 午後を 書き、□には 数字を 書きましょう。（1もん10点）

① 〈朝〉

（　　　　）

□時

② 〈昼〉

（　　　　）

□時□分

③ 〈夜〉

（　　　　）

□時□分

3 午後７時から 午後７時15分までの 時間は 何分(なんぷん)ですか。

（10点）

（　　　　）

4 今(いま)、午後３時30分です。つぎの 時こくを 書きましょう。

（１もん10点）

① １時間後(あと) （　　　　）

② 30分前 （　　　　）

5 図(ず)を 見て 答(こた)えましょう。 （１もん10点）

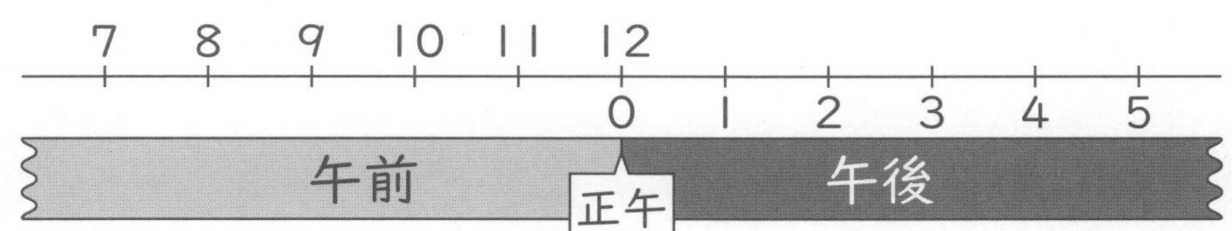

① 午後１時から ２時間後の 時こくを、午前、午後を つかって 書きましょう。

（　　　　）

② 午前９時から 午後１時までの 時間は 何時間ですか。

（　　　　）

時こくと 時間

月　　日　名まえ　　　／100点

1 （　）に あてはまる 数を 書きましょう。　（1もん5点）

① 1時間20分＝（　　　　）分

② 1日＝（　　　　）時間

③ 90分＝（　　　　）時間（　　　　）分

④ 午前＝（　　　　）時間、午後＝（　　　　）時間

2 つぎの 時こくを、午前、午後を つかって 書きましょう。　（1もん10点）

① 朝　　② 夜

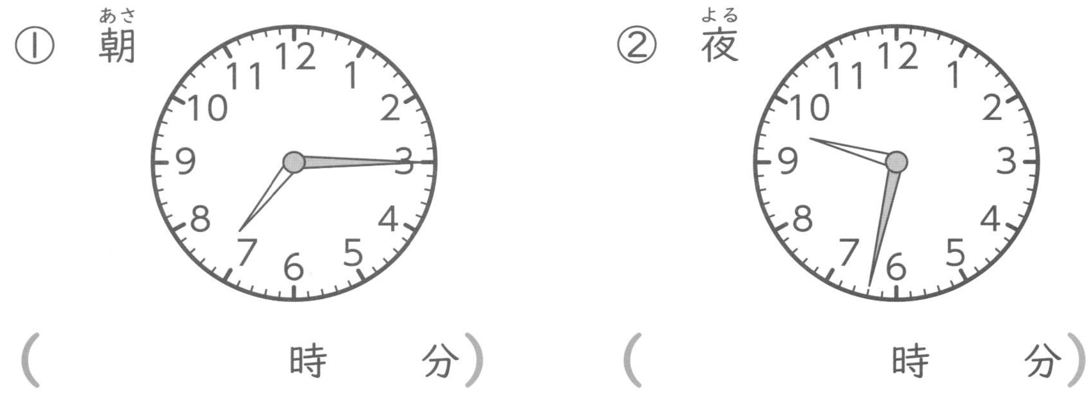

（　　　　時　　分）　（　　　　時　　分）

3 今、午後2時40分です。つぎの 時こくを 書きましょう。　（1もん10点）

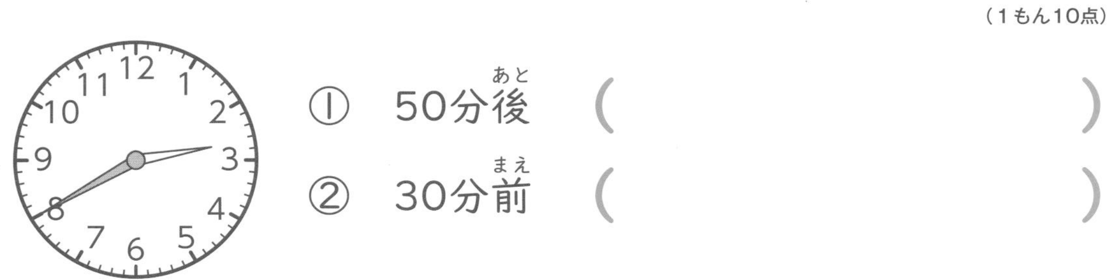

① 50分後（　　　　　　）

② 30分前（　　　　　　）

★
4 つぎの 時間を もとめましょう。 （1もん10点）

① 午後８時から
午後10時まで
（　　　　　　）

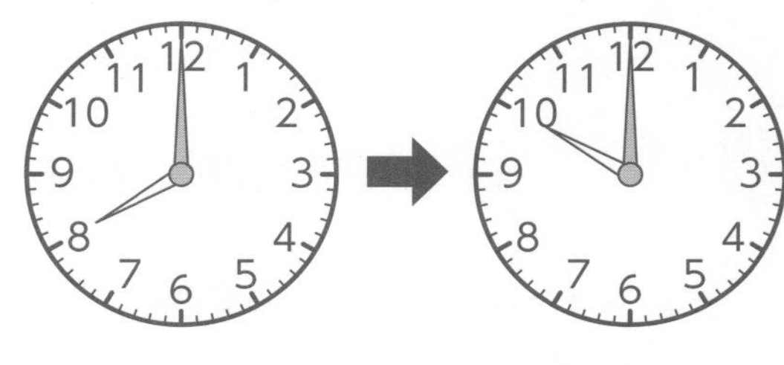

② 午前６時から
午後２時25分まで
（　　　　　　）

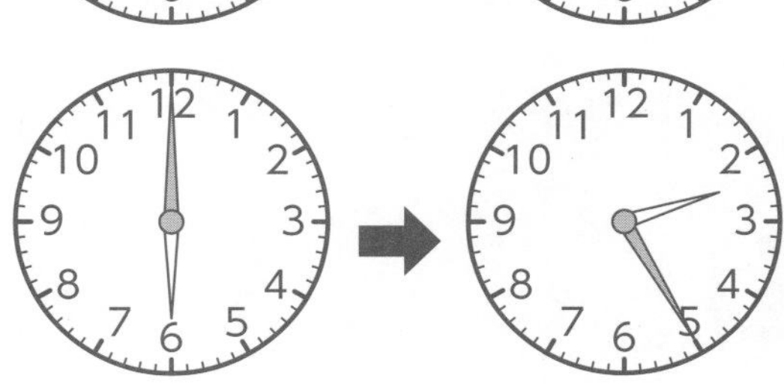

★★
5 つぎの 図(ず)を 見て、文の（　）に あてはまる ことばや 数字(すうじ)を 書きましょう。 （（　）1つ5点）

まさとさんが 学校に むかって 家(いえ)を 出た（㋐　　　　）は 午前（㋑　　　）時です。

まさとさんが 家を 出てから 学校に つくまでに かかった（㋒　　　　）は（㋓　　　）分です。

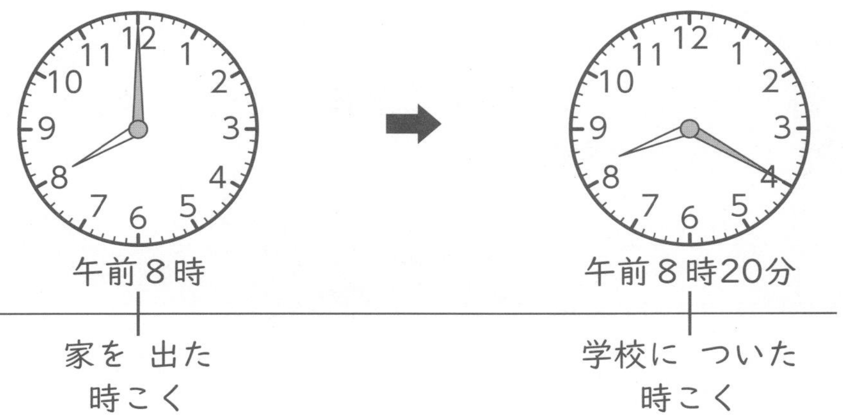

時こくと 時間

月　　日　　名まえ　　／100点

1 （　）に あてはまる 数を 書きましょう。　（1もん5点）

① 1時間40分＝（　　　　）分

② 70分＝（　　　　）時間（　　　　）分

2 つぎの 時こくを、午前、午後を つかって 書きましょう。　（1もん10点）

① 朝

（　　　　時　　　分）

② 夜

（　　　　時　　　分）

3 つぎの 時間を 書きましょう。　（1もん10点）

① 午前9時から、午前11時15分までの 時間。

（　　　　　　）

② 朝 7時30分に おきて、夜 10時に ねた ときの おきて いた 時間。

（時） 0　2　4　6　8　10　12　14　16　18　20　22　24

0　2　4　6　8　10　12

（　　　　　　）

★

4 今、午前８時50分です。つぎの 時こくを 書きましょう。

（1もん5点）

① 50分後 （　　　　）

② 32分前 （　　　　）

★★

5 ゆなさんたちは 遠足で 公園に 行きました。 （（　）1つ10点）

〈朝〉

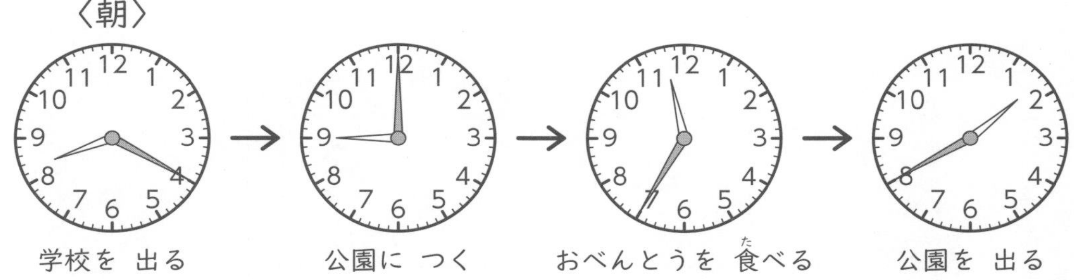

学校を 出る → 公園に つく → おべんとうを 食べる → 公園を 出る

① 学校を 出てから 公園に つくまでの 時間は 何分ですか。

（　　　　）

② おべんとうを 食べた 時こくの １時間前の 時こくと、20分後の 時こくを 書きましょう。

１時間前 （　　　　）　20分後 （　　　　）

③ 公園に いた 時間は 何時間何分ですか。

（　　　　）

よそうとくてん… 　　点

チェック＆ゲーム

計算の くふう

月　日　名まえ

1 ３つの 数(かず)を、たてに たしても、よこに たしても、ななめに たしても 15に なるように、□に 数を 書(か)こう！

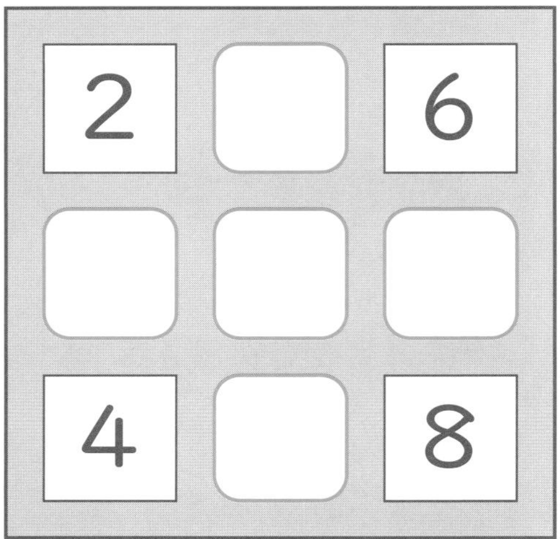

2	□	6
□	□	□
4	□	8

１～９までの 数を １回(かい)ずつ つかうよ。
２、６、４、８は もう 書いて あるから、
つかえるのは １、３、５、７、９だね！

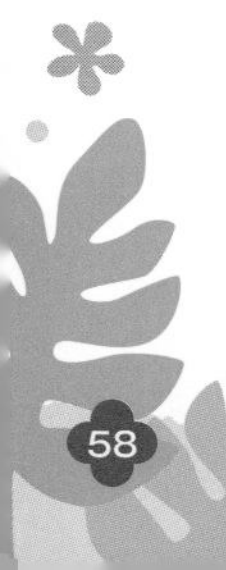

2 ３つの 数のうち、あわせて 20に なる ２つの 数を 見つけて、〇で かこもう。

（　）には ３つの 数の たし算の 答えを 書いて、ゴールまで 行こう！

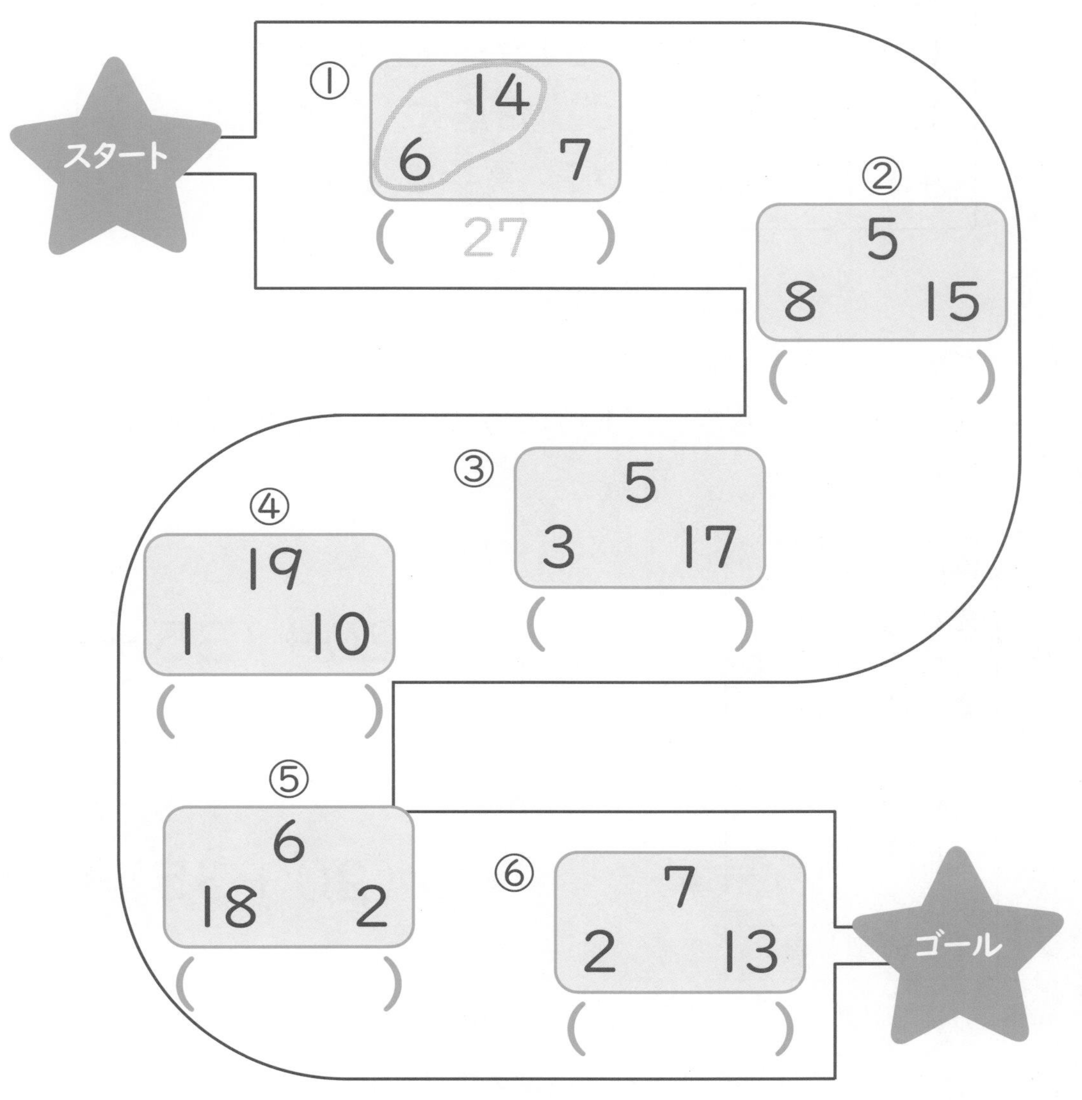

計算の くふう

名まえ

／100点

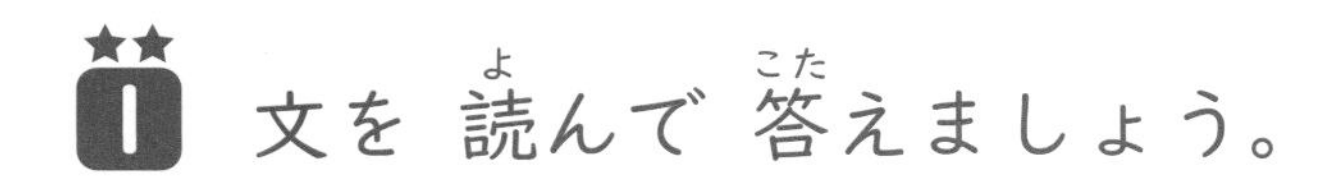

1 文を 読んで 答えましょう。

> お店で、20円の チョコレートと 35円の けしゴムを 買いました。えんぴつを 買いわすれたので、お店に もどって 45円の えんぴつを 買いました。

(1) ゆいさんと けんとさんが 文を しきに あらわしました。せつめいと しきが あうように 線で むすびましょう。

（1つ10点）

① 〈ゆい〉 先に 買った ものを（　）で まとめました。 ●　　　　● Ⓐ 20＋(35＋45)

② 〈けんと〉 文ぼうぐだいを（　）で まとめました。 ●　　　　● Ⓘ (20＋35)＋45

(2) ぜんぶで いくら つかいましたか。（10点）

（　　　　　）

★
2 つぎの 計算(けいさん)を しましょう。 （1もん10点）

① 13＋(6＋4)

② 34＋(3＋2)

③ 58＋(5＋15)

★
3 つぎの 計算で 先に 計算すると よい ところを ⬭で かこみ、（　）に 答えを 書(か)きましょう。

（○5点・答え5点）

① 7＋12＋8 （　　　）

② 13＋7＋2 （　　　）

③ 27＋3＋5 （　　　）

④ 8＋36＋4 （　　　）

たし算と ひき算の ひっ算（2）

月　　日　名まえ

1 Ⓐ～Ⓚに あてはまる 数(かず)を 下の □ に 書(か)いて、
さいごに ぜんぶ たして みよう！
きつねさんは 何(なん)と 言(い)って いるのかな？

①

	7	Ⓐあ
＋	2	2
	9	7

②

	7	Ⓘい
＋	2	6
1	0	4

③

	3	6
＋	Ⓔえ	8
Ⓞお	0	Ⓤう

④

	1	0	Ⓚか
－		Ⓚき	8
		2	4

⑤

	Ⓚく	0	3
－			8
		9	Ⓚけ

あ	い	う	え	お	か	き	く	け

↓ Ⓐ～Ⓚを たすと…

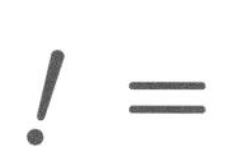

〇〇！＝□ン□ュ！

2 計算(けいさん)して、みんなの すきな ものを あてよう！

① 800＋30＋2

② 890－13

③ 105－90

④ 31＋800

計算の 答(こた)え

① （　　　　） → ハ□□□

② （　　　　） → □□ナ

③ （　　　　） → □チ□

④ （　　　　） → ヤ□□

たし算の ひっ算（2）

月　日　名まえ

／100点

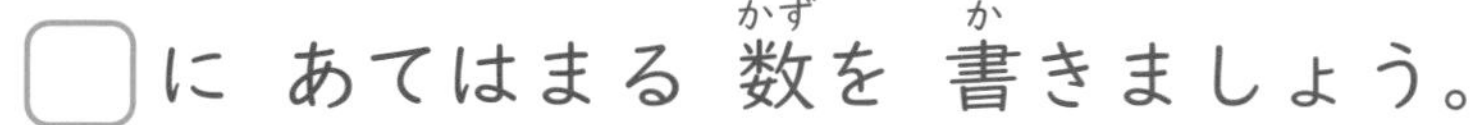

1 84＋59を ひっ算で します。
□に あてはまる 数を 書きましょう。（□1つ10点）

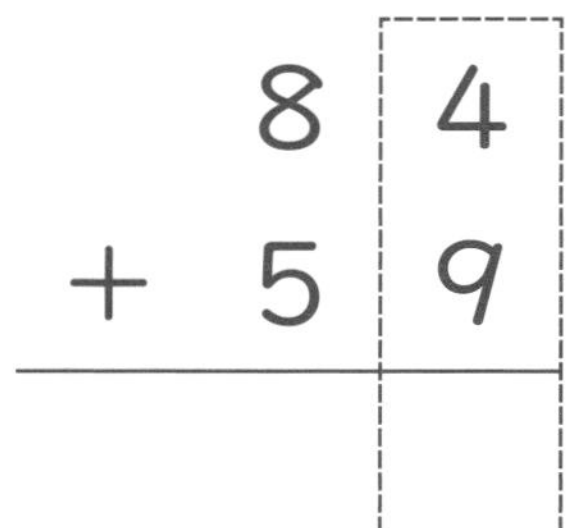

一のくらいの 計算

4＋9＝13

一のくらいに □ を 書き、
十のくらいに 1 くり上げる。

	8	4
＋	5	9

十のくらいの 計算

くり上げた 1も たして、

1＋8＋□＝14

十のくらいに □ を 書き、
百のくらいに 1 くり上げる。

答え…84＋59＝□

2 つぎの 計算を しましょう。（1もん5点）

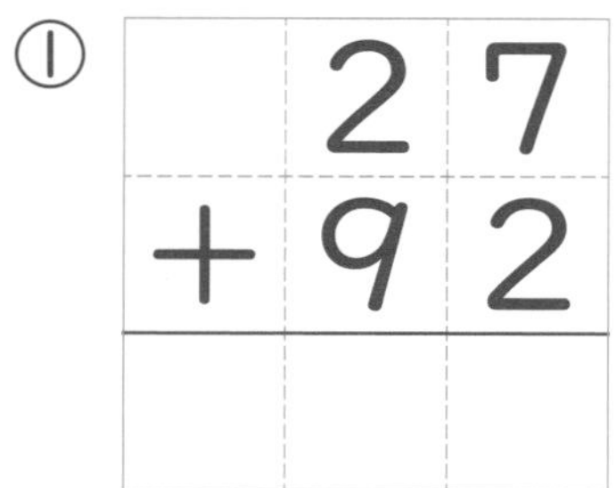

①
	2	7
＋	9	2

②
	8	0
＋	5	7

③
	4	9
＋	7	8

★ 3 つぎの 計算を ひっ算で しましょう。 (1もん5点)

① 54＋55

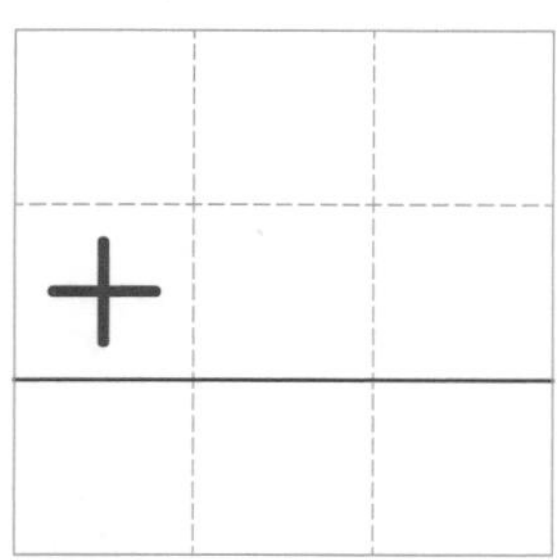

② 95＋53

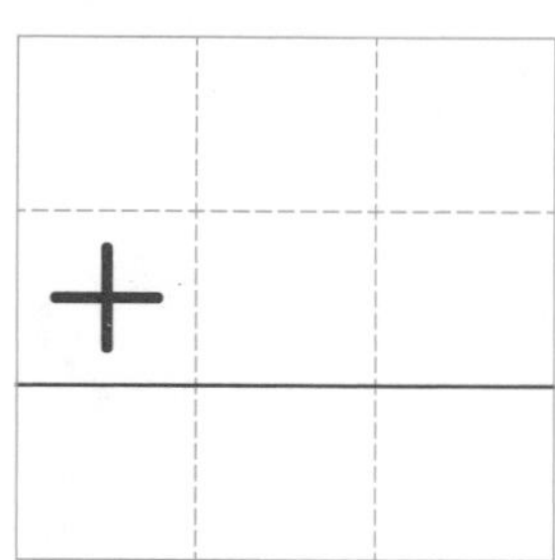

③ 63＋37

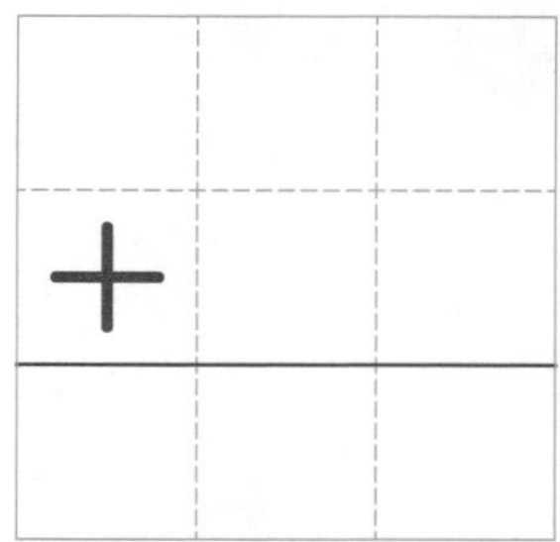

④ 5＋96

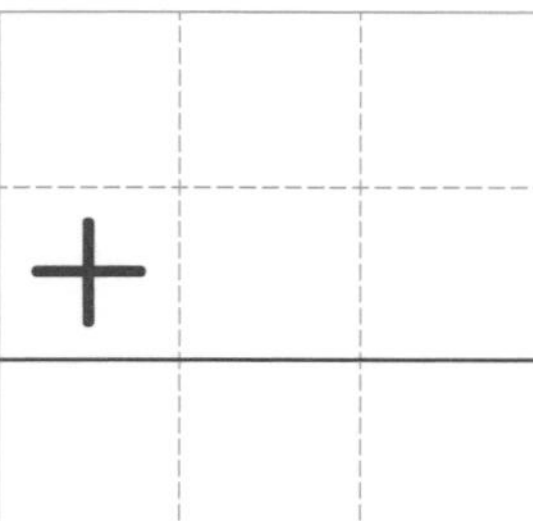

⑤ 59＋81

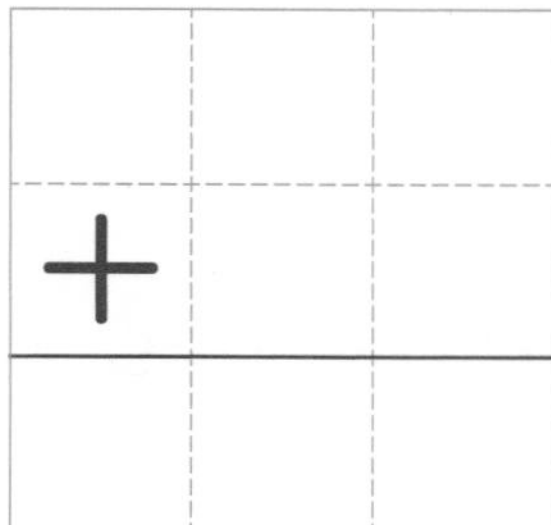

★★ 4 電車(でんしゃ)に 85人 のって います。つぎの えきで 22人 のると、電車に のって いる 人は 何人(なんにん)に なりますか。 (しき10点・答え10点)

しき

答え

たし算の ひっ算（2）

月　日　名まえ　／100点

1 つぎの 計算(けいさん)を しましょう。

（1もん5点(てん)）

①
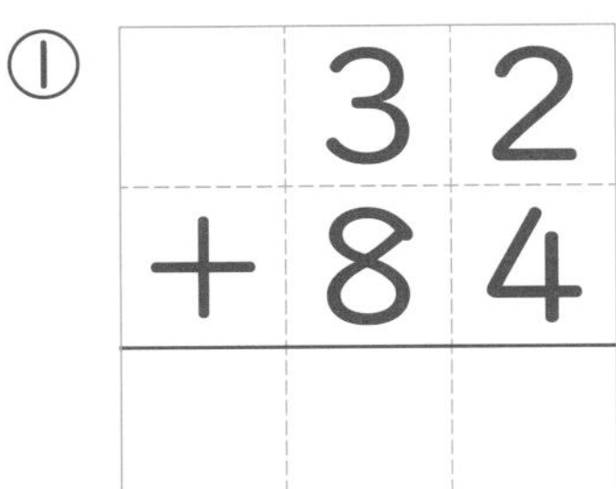

②
20
＋91

③
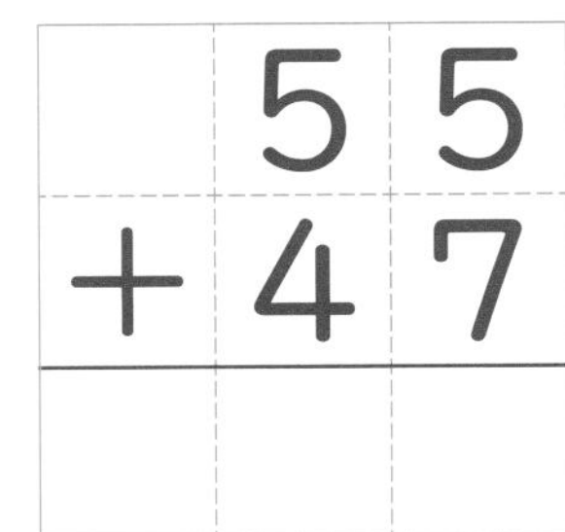

2 つぎの 計算を ひっ算で しましょう。

（1もん5点）

① 88＋69

② 4＋97

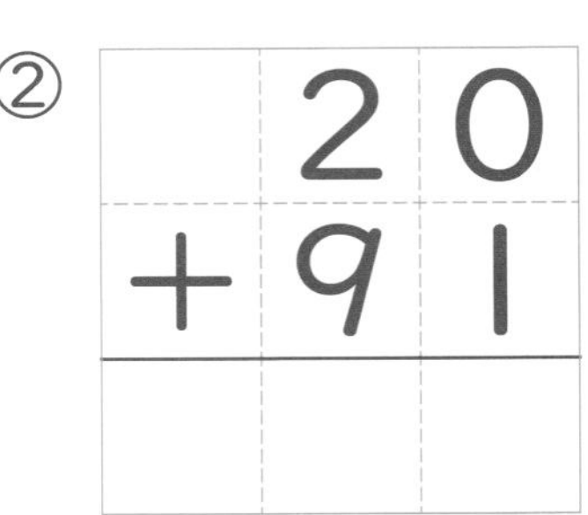

③ 38＋70

④ 76＋28

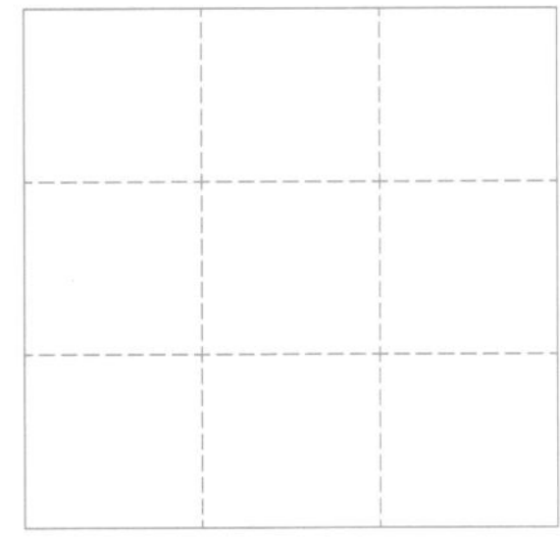

⑤ 275＋16

⑥ 69＋307

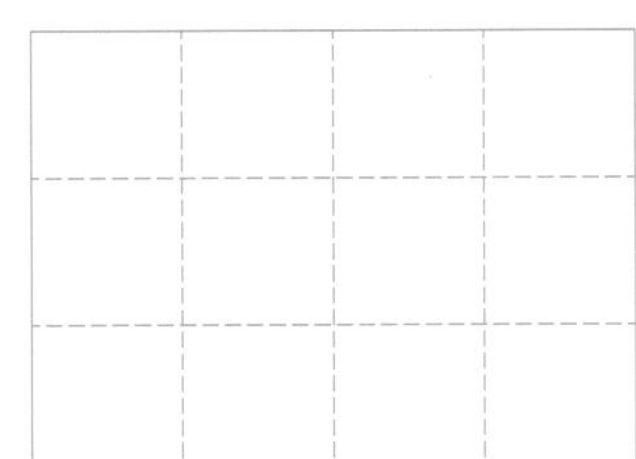

3 つぎの 計算の 答えが 正しければ ○を、まちがって いれば 正しい 答えを （　）に 書きましょう。 （1もん5点）

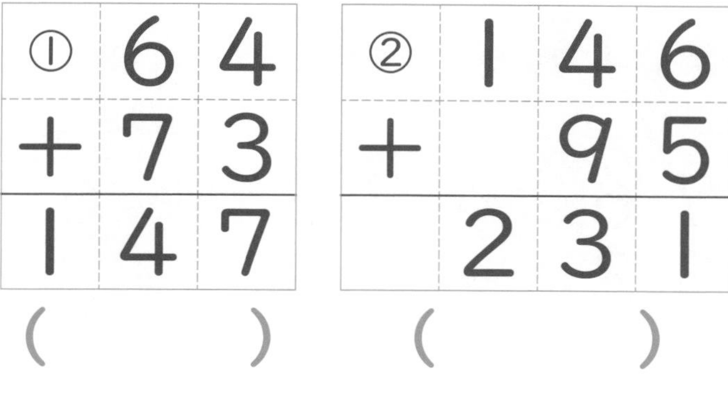

①	6	4
＋	7	3
1	4	7

（　　　）

②	1	4	6
＋		9	5
	2	3	1

（　　　）

③	1	9	2
＋		2	7
	2	1	9

（　　　）

4 あかりさんの クラスは きのうまでに おりづるを 72こ 作りました。
今日は 46こ 作りました。
ぜんぶで 何こ 作りましたか。

（しき10点・答え10点）

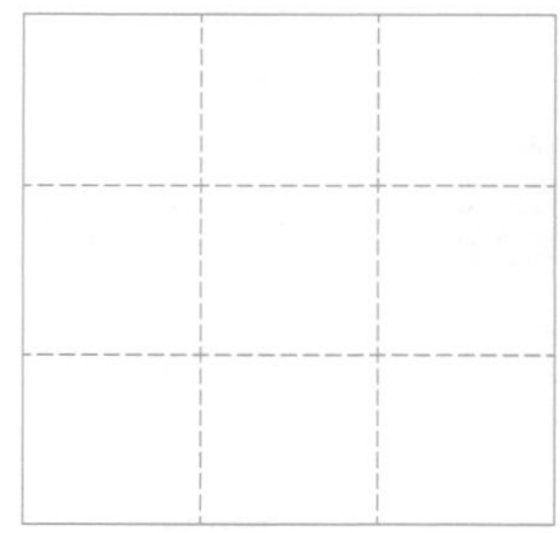

しき

答え

5 ゆりさんは 文ぼうぐを 買います。
だい金は いくらに なりますか。

（しき10点・答え10点）

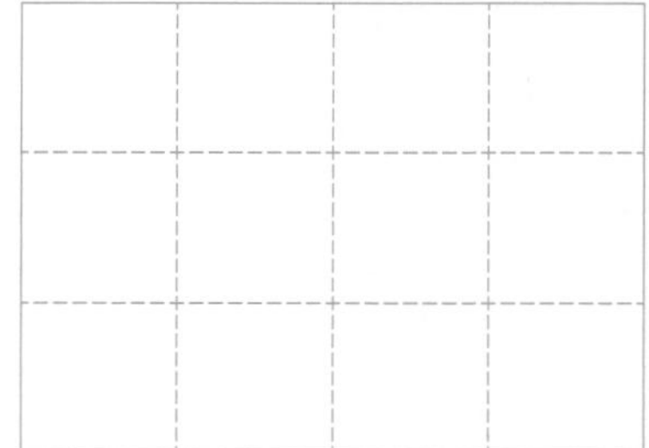

しき

答え

たし算の ひっ算（2）

月　日　名まえ　／100点

1 つぎの 計算（けいさん）を しましょう。　（1もん5点（てん））

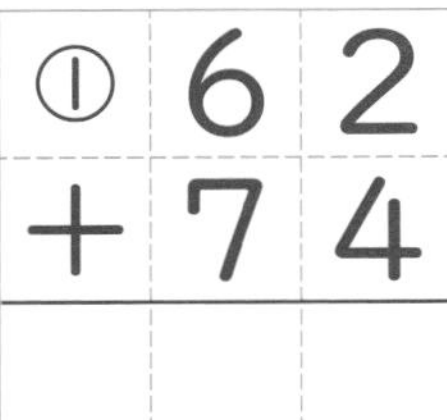

① 62 ＋ 74

② 76 ＋ 58

③ 93 ＋ 8

④ 67 ＋ 33

2 つぎの 計算を ひっ算で しましょう。　（1もん5点）

① 46＋57

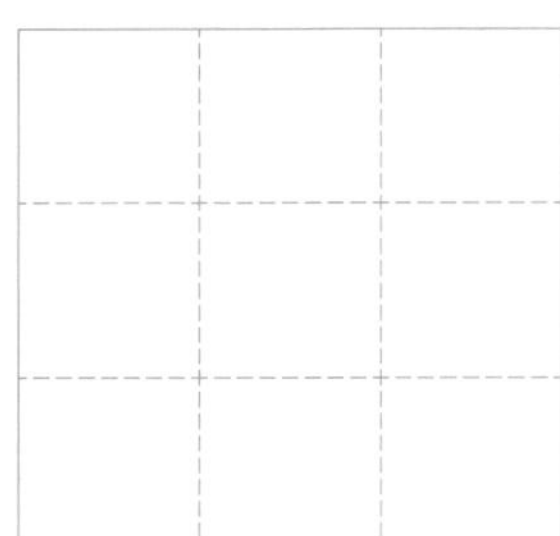

② 91＋99

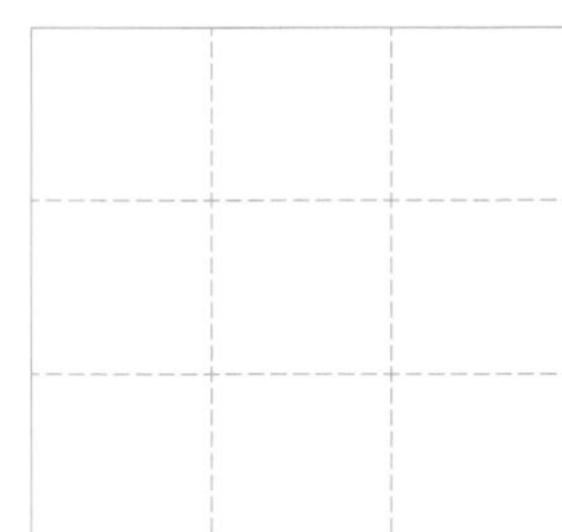

③ 75＋29

④ 8＋97

⑤ 246＋28

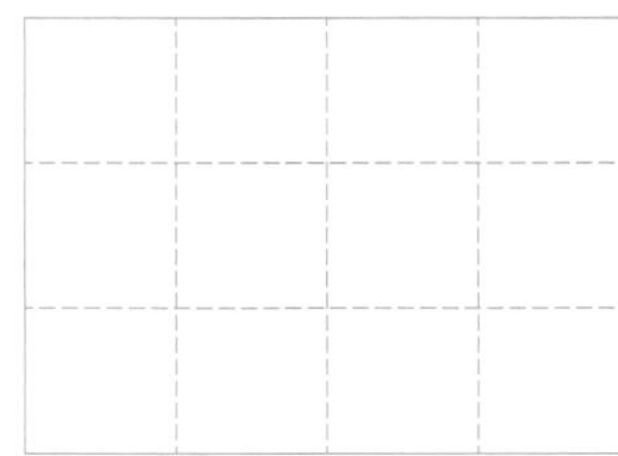

⑥ 873＋9

★

3 下の しきの □ に あてはまる 数(かず)を、(あ)〜(お)から すべて えらび（　）に 書(か)きましょう。（ぜんぶできて10点）

$$63 + \square > 100$$

(あ) 25　　(い) 28　　(う) 35　　(え) 38　　(お) 40

（　　　　　　　　）

★★

4 町内(ちょうない)で あきかんひろいを しました。先月(せんげつ)は 74こ、今月(こんげつ)は 58こ ひろいました。あわせて 何(なん)こ ひろいましたか。

（しき10点・答え10点）

しき

答(こた)え ＿＿＿＿＿＿＿＿

★★

5 クッキーと ラムネと アイスクリームを 買(か)うと、何円に なりますか。（しき10点・答え10点）

クッキー	ラムネ	アイスクリーム
35円	57円	72円

しき

答え ＿＿＿＿＿＿＿＿

ひき算の ひっ算（2）

月　日　名まえ

／100点

1 142−86を ひっ算で します。
□に あてはまる 数を 書きましょう。（□1つ10点）

	1	4	2
−		8	6
			□

一のくらいの 計算
2から 6は ひけないので、
十のくらいから 1 くり下げて
□−6＝6

	1	4	2
−		8	6
		□	

十のくらいの 計算
1 くり下げたので 3。
百のくらいから 1 くり下げて
13−8＝5

答え…142−86＝□

2 つぎの 計算を しましょう。（1もん10点）

①	1	2	3
−		4	2

②	1	6	0
−		8	5

③	1	8	3
−		4	9

★
3 つぎの 計算を ひっ算で しましょう。
（1もん5点）

① 127－93

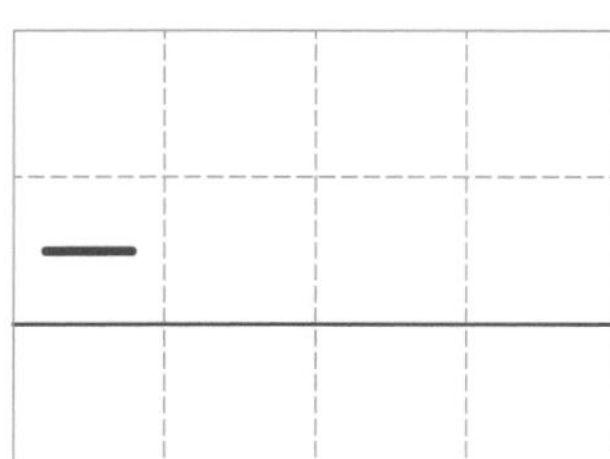

② 115－33

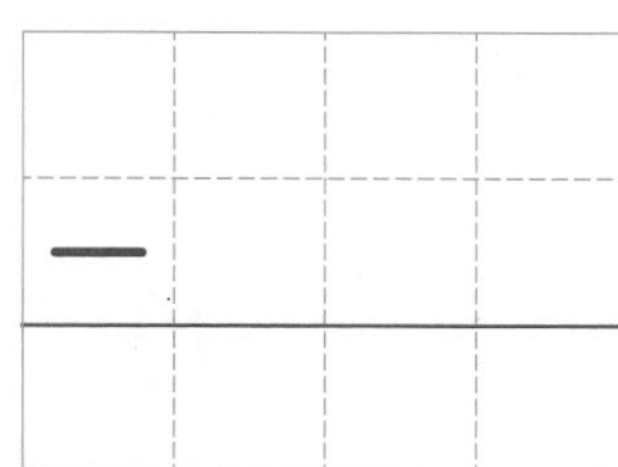

③ 100－53

④ 174－99

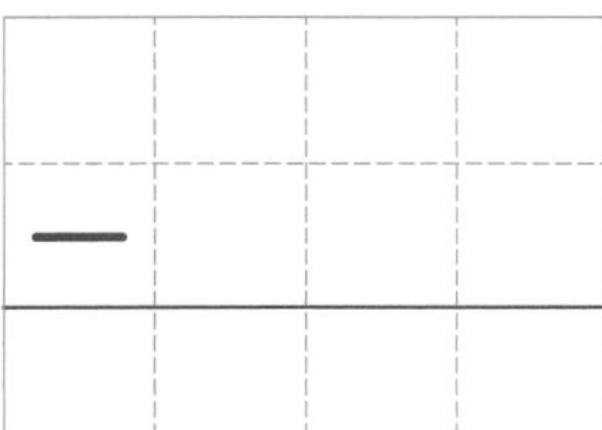

⑤ 103－78

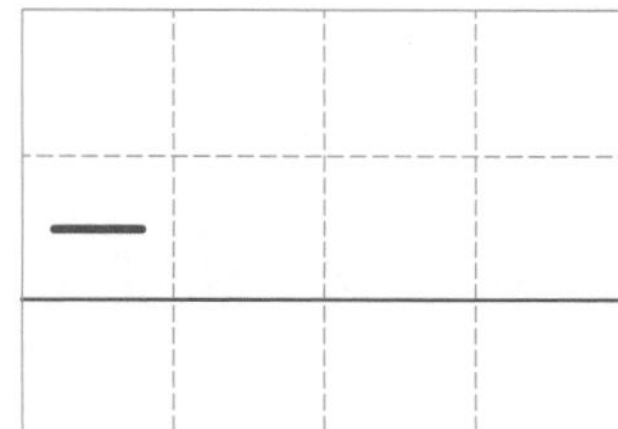

⑥ 964－58

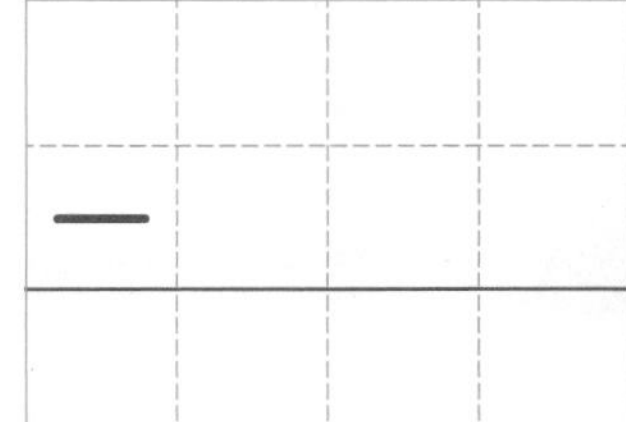

★★
4 なおさんは あさがおの たねを 125こ もって います。妹（いもうと）に 36こ あげると のこりは 何（なん）こですか。
（しき10点・答え10点）

しき

答え

ひき算の ひっ算（2）

月　日　名まえ　／100点

1 つぎの 計算を しましょう。 （1もん5点）

①	1	4	7
−		5	3

②	1	0	5
−		5	4

③	1	2	3
−		4	7

2 つぎの 計算を ひっ算で しましょう。 （1もん5点）

① 176−92

② 105−35

③ 127−58

④ 107−9

⑤ 681−55

⑥ 162−67

3 ★ つぎの 計算の 答えが 正しければ ○を、まちがって いれば 正しい 答えを （　）に 書きましょう。（1もん5点）

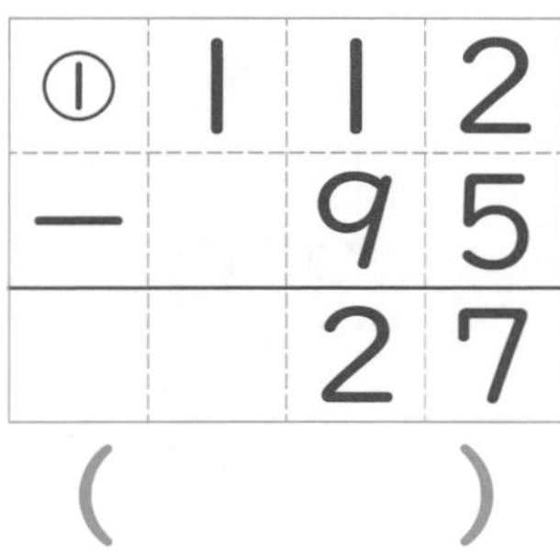

①	1	1	2
−		9	5
		2	7

（　　　）

②	1	3	6
−		3	7
	1	9	9

（　　　）

③	1	0	0
−		4	6
		5	4

（　　　）

4 ★★ まなかさんは 134ページの 本を 51ページ 読みました。のこりは 何ページですか。（しき10点・答え10点）

しき

答え

5 ★★ ガムは 78円、ゼリーは 115円で 売られて います。どちらが 何円 高いですか。（しき10点・答え10点）

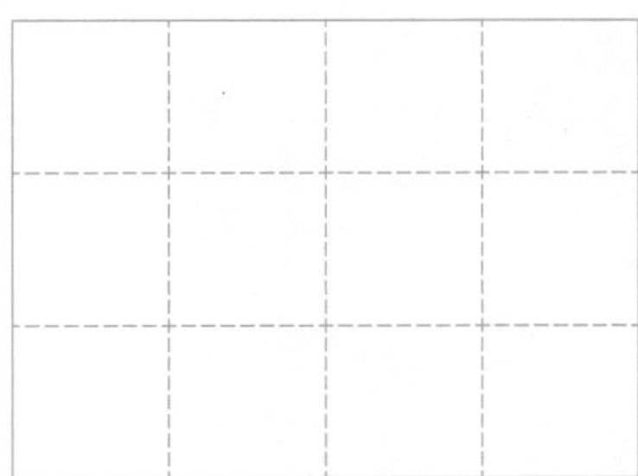

しき

答え

ひき算の ひっ算（2）

月　日　名まえ　／100点

1 つぎの 計算(けいさん)を しましょう。（1もん5点(てん)）

①	1	5	2
－		5	7

②	1	0	0
－		4	3

③	3	9	6
－		3	9

2 つぎの 計算を ひっ算で しましょう。（1もん5点）

① 143－86

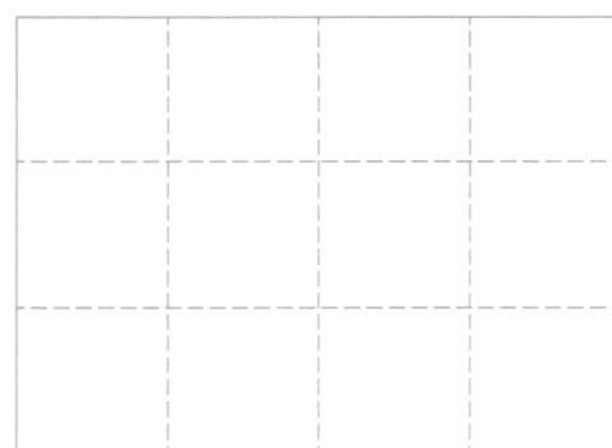

② 150－87

③ 105－58

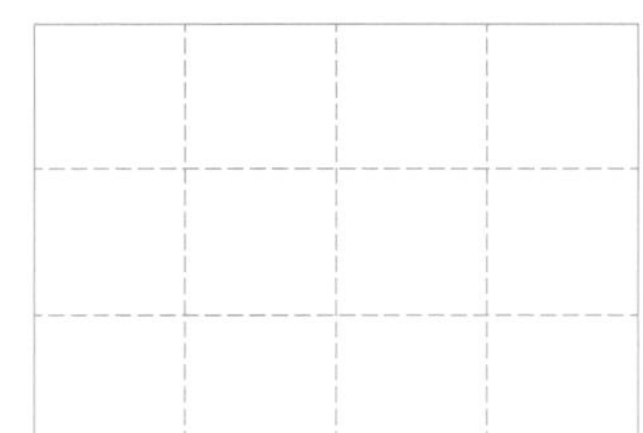

④ 101－92

⑤ 757－49

★★ 3 右の ひっ算は まちがって います。

（1もん10点）

	1	1	7
−		3	9
		8	8

① まちがいを 正しく せつめいして いる 文を ［　］から えらびましょう。

（　　）

㋐ 百のくらいの 答（こた）えに 1を 書（か）くのを わすれて いる。
㋑ くり下がりが ないのに 十のくらいから 1 くり下げて いる。
㋒ 十のくらいから 1 くり下げるのを わすれて いる。

② 正しい 答えを 書きましょう。 （　　）

★★ 4 ゆうきさんは、67円の スナックがしと 23円の あめを 買（か）うのに、100円を 出しました。おつりは いくらですか。

（しき10点・答え10点）

しき

答え

★★ 5 公園（こうえん）に、赤い 花と 白い 花が あわせて 115本 さいて いました。そのうち、赤い 花は 53本でした。

赤い 花と 白い 花では、どちらが どれだけ 多（おお）く さいて いたでしょうか。

（しき10点・答え10点）

しき

答え

よそうとくてん…　　点

チェック＆ゲーム

三角形と　四角形

月　　日　名まえ

1 同じ 記ごうの ・を 直線で むすんで、三角形や 四角形を かこう。その 中に ★は 何こ あるかな？

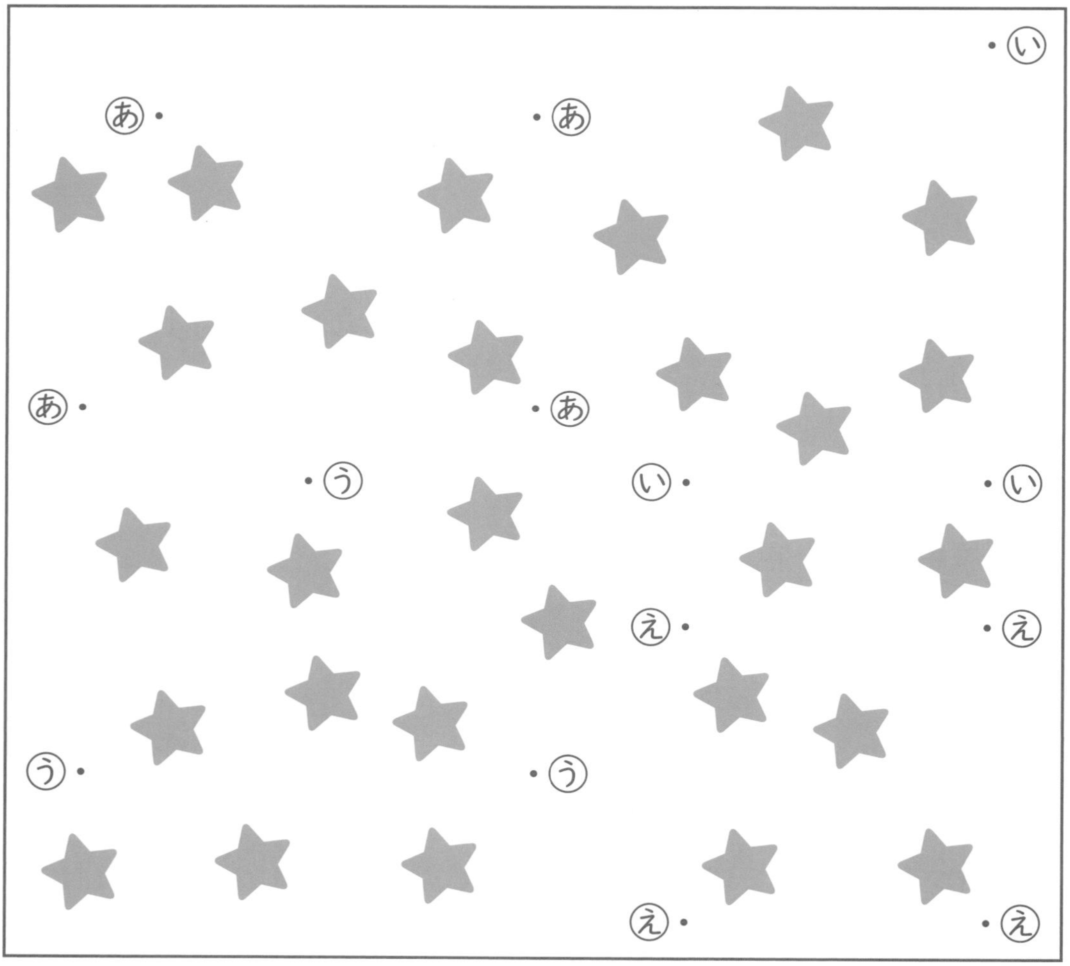

（　　　）こ　　㋑（　　　）こ

㋒（　　　）こ　　㋓（　　　）こ

2 スタートから 長方形→正方形→直角三角形の じゅんに すすんで ゴールまで 行こう！ぞうさんは 何を 食べたのかな？（ななめには すすめないよ）

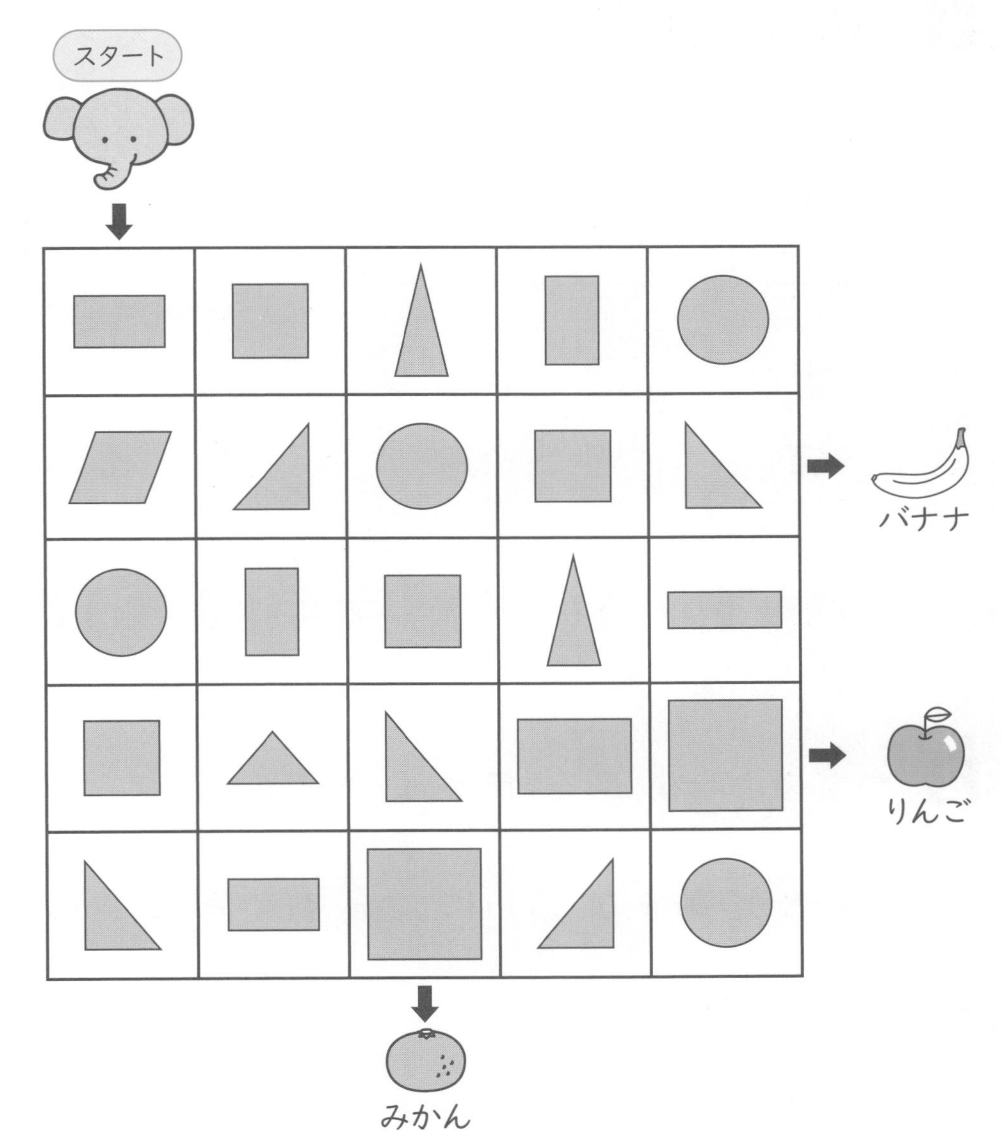

スタート

→ バナナ

→ りんご

↓ みかん

長方形、正方形、直角三角形の
どれでも ない 形も あるよ。ちゅういしてね。

答え（　　　　　　　）

三角形と 四角形

月　日　名まえ　／100点

ようい するもの…ものさし

1 三角形と 四角形を それぞれ ２つずつ 見つけましょう。

（（　）1つ5点）

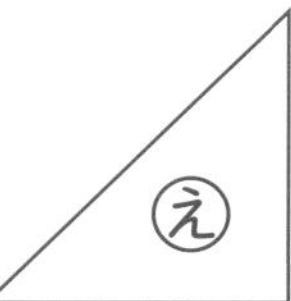

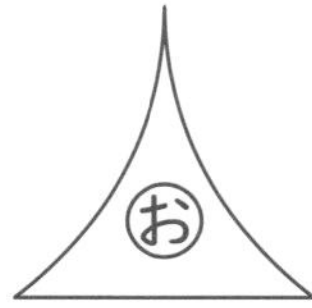

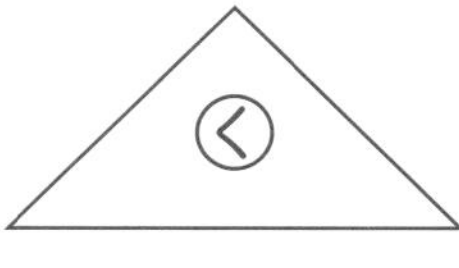

三角形（　　）（　　）　四角形（　　）（　　）

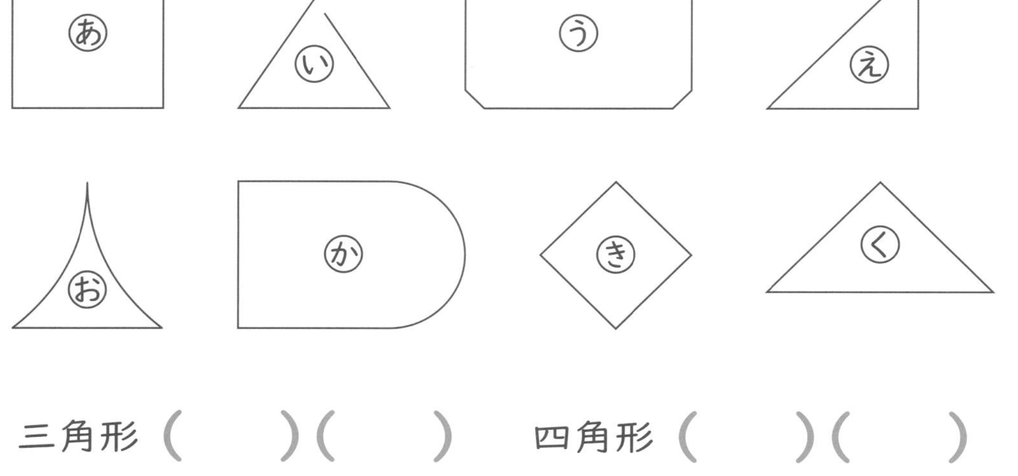

2 つぎのような 形を 何と いいますか。

（1もん10点）

① かどが みんな 直角に なって いる 四角形

（　　　　　）

② 直角の かどの ある 三角形　（　　　　　）

③ かどが みんな 直角で、へんの 長さが みんな 同じ 四角形

（　　　　　）

★ 3 形の 名前を [　　] から えらんで 書きましょう。

（1もん10点）

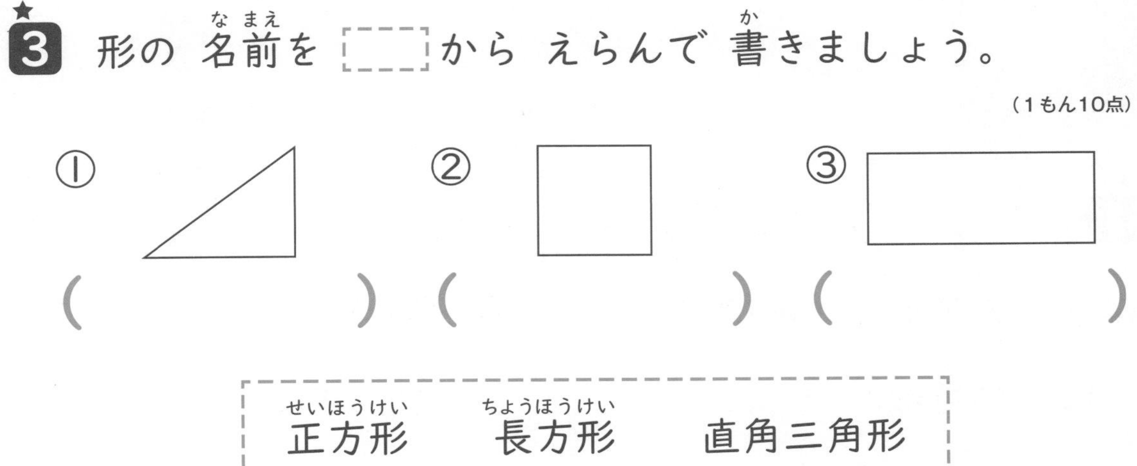

①（　　　　）　②（　　　　）　③（　　　　）

正方形　　長方形　　直角三角形

★ 4 三角じょうぎの 直角の かどは どれですか。

（1もん5点）

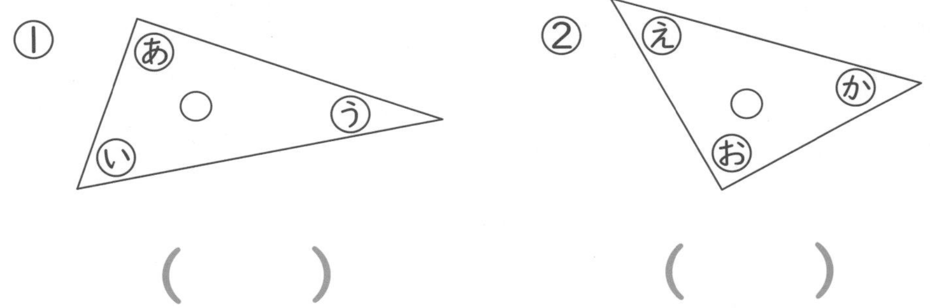

①（　　）　②（　　）

★ 5 1つの へんの 長さが 3cmの 正方形を かきましょう。

（10点）

三角形と　四角形

月　　日　名まえ

／100点

ようい するもの…ものさし

1　(　) に　あてはまる　数を　書きましょう。　((　) 1つ5点)

① 三角形の　へんは　(　　　) 本、ちょう点は　(　　　) こ。

② 四角形の　へんは　(　　　) 本、ちょう点は　(　　　) こ。

2　長方形、正方形、直角三角形を　それぞれ　2つずつ　見つけましょう。　((　) 1つ5点)

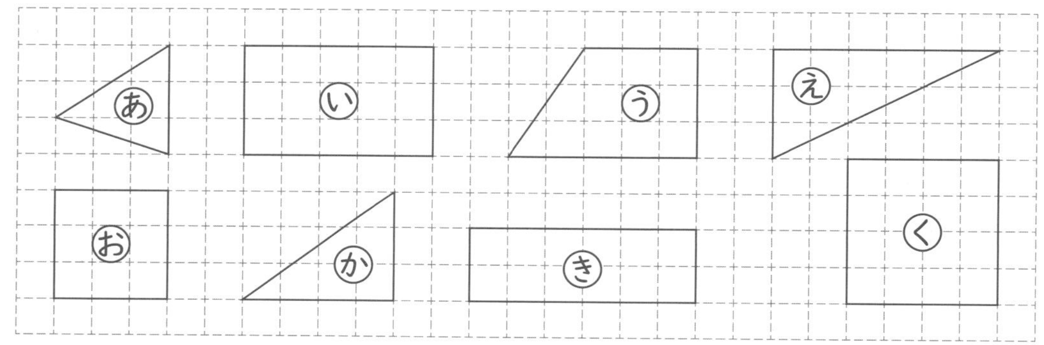

長方形 (　　　)(　　　)　正方形 (　　　)(　　　)

直角三角形 (　　　)(　　　)

3　下の　形が　三角形では　ない　わけを　正しく　せつめいして　いる　文に　○を　つけましょう。　(10点)

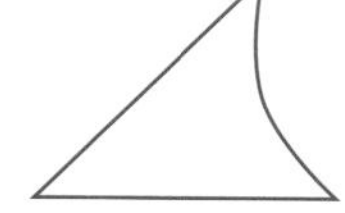

あ (　　) へんが　4本　あるから。

い (　　) 直線では　ない　へんが　あるから。

う (　　) すきまが　あいて　いて、かこまれて　いないから。

4 つぎの 形を かきましょう。 （1もん10点）

① 1つの へんの 長(なが)さが 2cmの 正方形

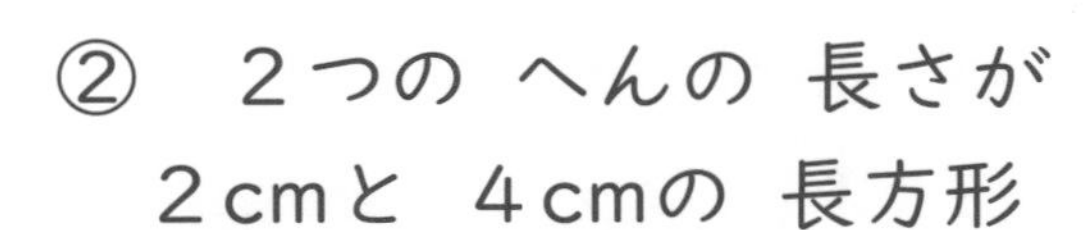

② 2つの へんの 長さが 2cmと 4cmの 長方形

③ 直角に なる 2つの へんの 長さが、3cmと 5cmの 直角三角形

5 下の 四角形に 1本の 直線を ひいて、三角形と 四角形に わけましょう。 （10点）

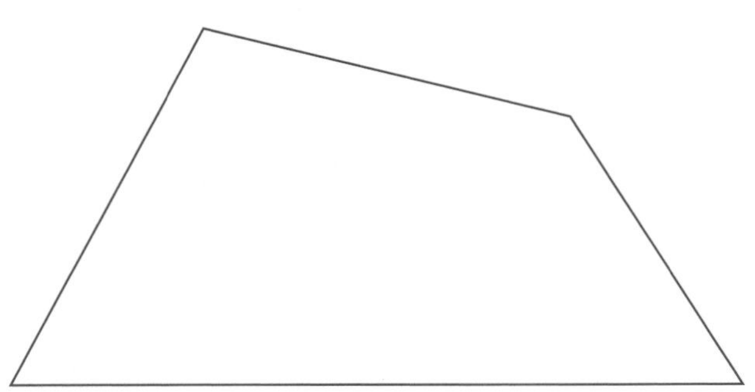

よそうとくてん… 点

三角形と 四角形

月　日

名まえ

／100点

ようい するもの…ものさし

1 長方形、正方形、直角三角形を 見つけましょう。

（（　）1つ10点）

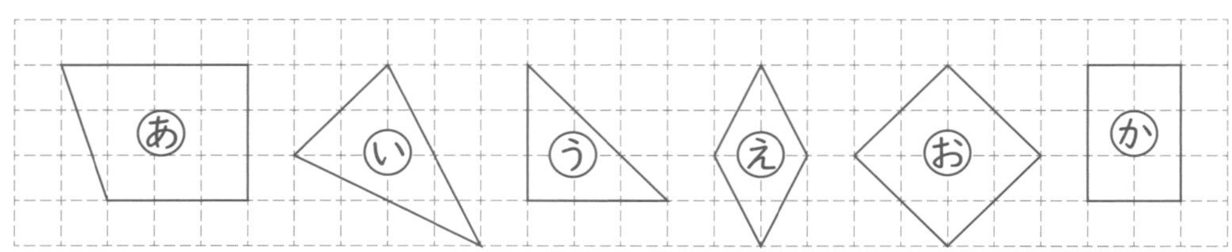

長方形（　　）　正方形（　　）　直角三角形（　　）

2 下の 形と せつめいが あうように 線で むすびましょう。

（1もん10点）

① 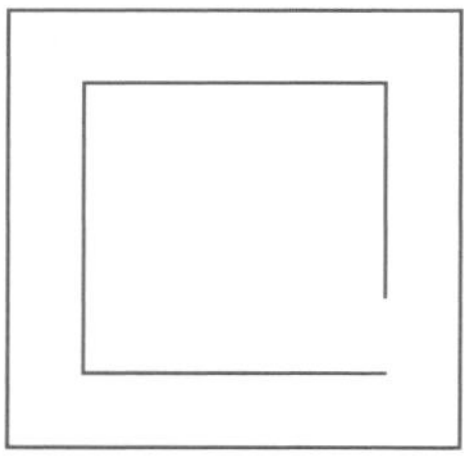 ●　　● あ 直角では ない かどが あるので、長方形では ありません。

② 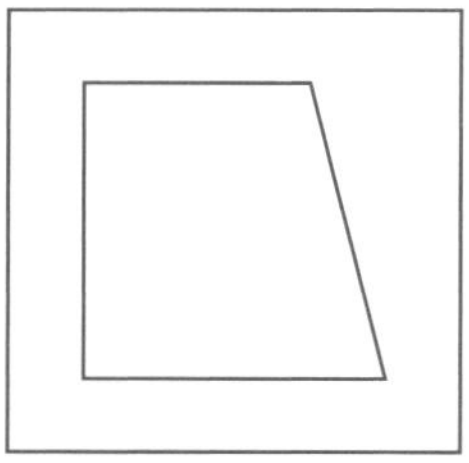 ●　　● い すきまが あいて いて かこまれて いないので 四角形では ありません。

③ 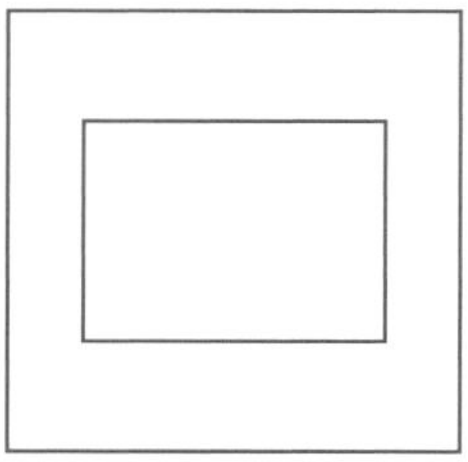 ●　　● う 4つの へんの 長さが すべて 同じでは ないので 正方形では ありません。

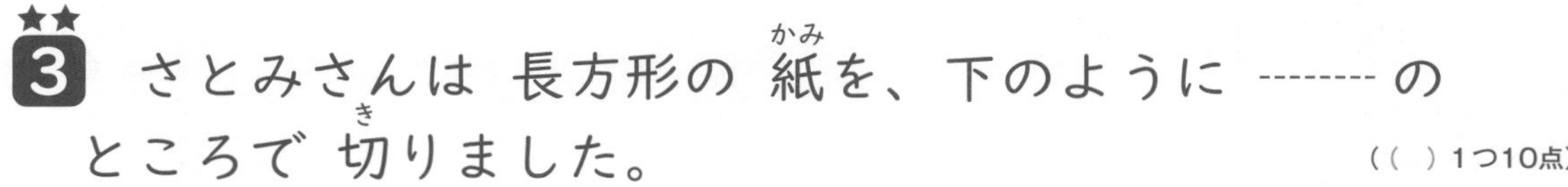

3 さとみさんは 長方形の 紙を、下のように -------- の ところで 切りました。

（（　）1つ10点）

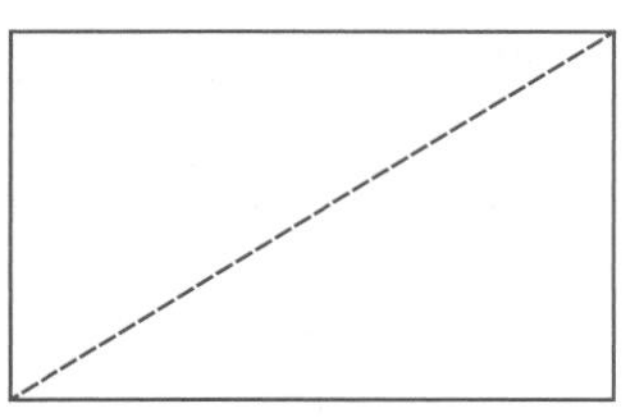

① できた 形の 名前を 書きましょう。

（　　　　　　　　）

② ①のように 考えた わけを せつめいします。（　）に あてはまる ことばを [ ] から えらんで 書きましょう。

できた 形は、１つの（あ　　　　）が（い　　　　）に なって いる 三角形だからです。

[へん　　かど　　直線　　直角]

4 直角に なる ２つの へんの 長さが、５cmと ４cmの 直角三角形を かきましょう。

（10点）

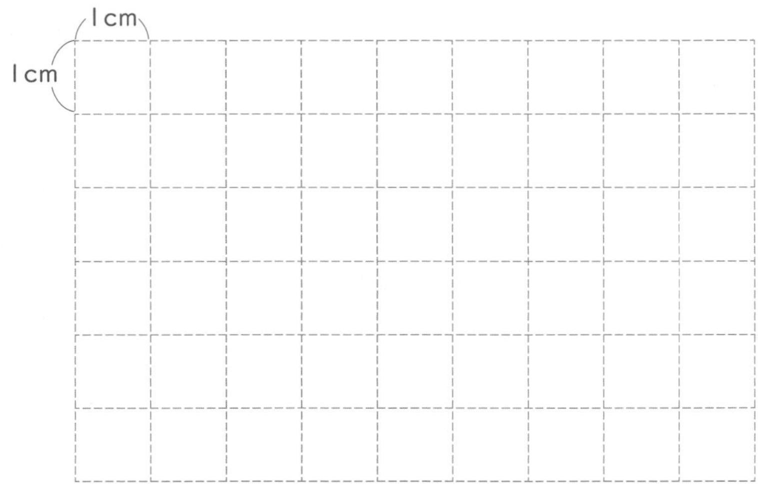

かけ算

月　日　名まえ

1 かけ算は、｜つ分の 数×いくつ分 で ぜんぶの 数を あらわすよ。つぎの 文は、どんな しきに なるかな？ 線で むすぼう！

①	いちごが ３つずつ のった おさらの ４さら分	●	● ４×３
②	４こずつ 入った ドーナツの ３はこ分	●	● ３×４
③	まんじゅうが ５パック あって、｜パックの 数は ３こ	●	● ５×３
④	グループが ３つ あって、｜グループの 人数は ５人	●	● ３×５

出て きた じゅんに かけるんじゃ なくて、しっかり 読んで しきに して みよう！

2 5のだんの 九九の 答えを、5から じゅんに すすんで ゴールまで 行こう！

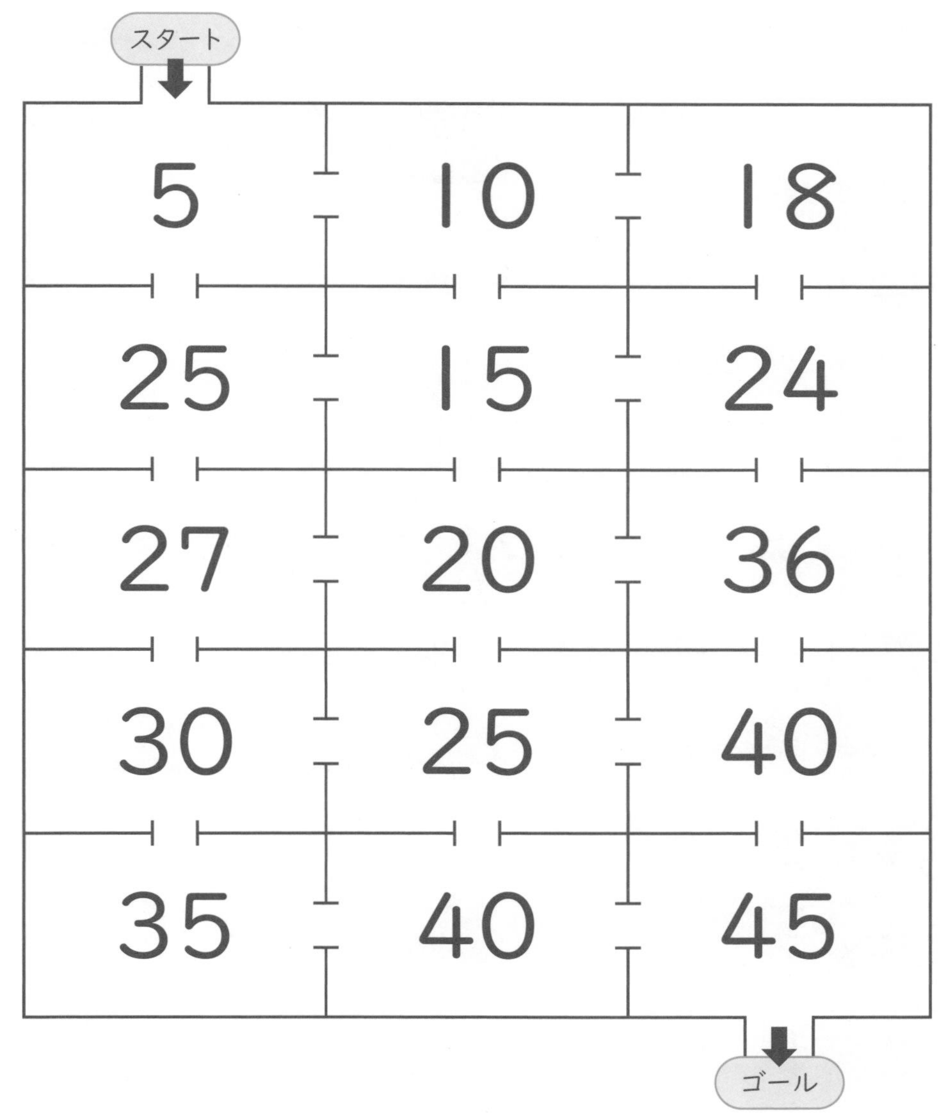

かけ算（１）

月　日　名まえ　／100点

1 いちごの　ぜんぶの　数を　もとめます。

① □に　あてはまる　数を　書きましょう。（□1つ5点）

いちごの数は、
１さらに □ こずつの □ さら分です。

② いちごは、ぜんぶで　何こ　ありますか。（しき5点・答え5点）

しき □ × □ ＝ □

答え ＿＿＿＿＿＿

2 つぎの　計算を　しましょう。（1もん4点）

① 5×3　　② 2×6

③ 3×1　　④ 4×2

⑤ 5×2　　⑥ 2×8

⑦ 3×7　　⑧ 4×8

⑨ 5×5　　⑩ 2×2

★ 3 かけ算(ざん)の しきと 絵(え)が あうように、線(せん)で むすびましょう。

（1もん5点）

① 4×3 ●　　　● 

② 2×5 ●　　　● 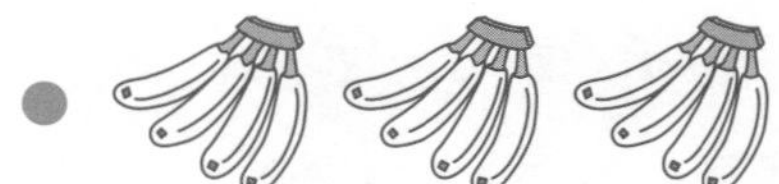

③ 3×4 ●　　　● 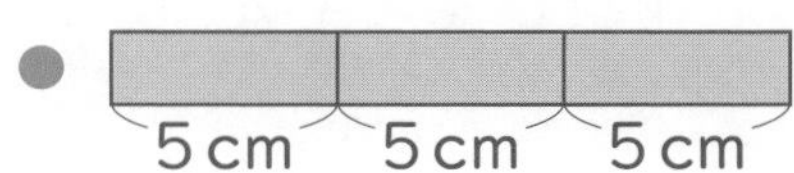

④ 5×3 ●　　　● 

★★ 4 色紙(いろがみ)を 1人に 3まいずつ くばります。
6人に くばるには、色紙は 何まい ひつようですか。

（しき10点・答え10点）

しき

答え ______________

かけ算（1）

月　日　名まえ　／100点

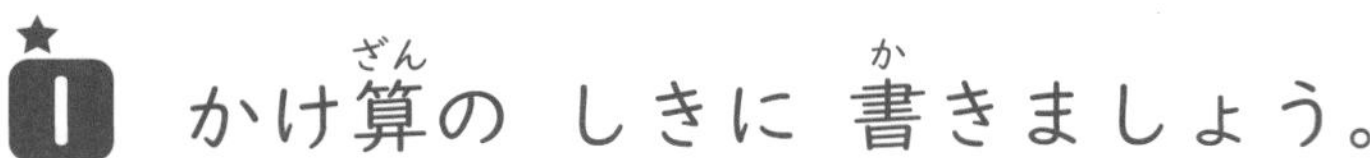

1 かけ算の しきに 書きましょう。（1もん5点）

① タイヤの ぜんぶの 数

1台にタイヤ4つ

② テープの ぜんぶの 長さ

5cm　5cm

2 かけ算の しきに 書きましょう。（1もん5点）

① （5こ） の 6ふくろ分 （　　　　）

② （3こ） の 5本分 （　　　　）

③ 4cm の 8ばいの 長さ （　　　　）

★ **3** つぎの 計算(けいさん)を しましょう。（1もん3点）

① 3×9　② 4×7

③ 5×7　④ 4×9

⑤ 2×5　⑥ 5×8

⑦ 4×6　⑧ 2×9

⑨ 3×8　⑩ 5×6

★★ **4** 5人に あめを くばります。4こずつ くばるには、あめは 何(なん)こ ひつようですか。（しき10点・答え10点）

しき

答(こた)え

★★ **5** 1つの へんの 長さが 3cmの 正方形(せいほうけい)が あります。

3cm

① まわりの 長さは、1つの へんの 長さの 何ばいですか。（5点）

（　　　　）

② まわりの 長さは 何cmですか。（しき10点・答え10点）

しき

答え

かけ算（1）

月　日　名まえ　／100点

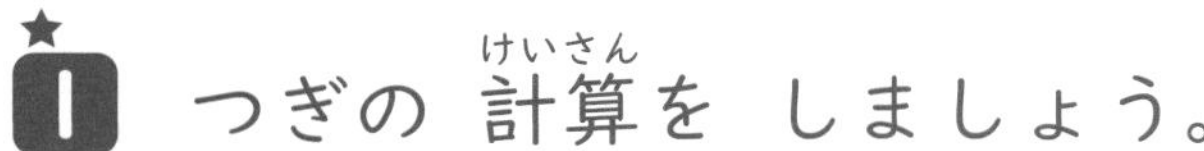

★
1 つぎの 計算(けいさん)を しましょう。（1もん3点(てん)）

① 5×8　② 3×6

③ 3×2　④ 4×7

⑤ 4×6　⑥ 2×6

⑦ 3×8　⑧ 5×6

⑨ 2×9　⑩ 5×9

★★
2 3×7の しきに なる もんだいを つくります。
□に あてはまる 数(かず)を 書(か)きましょう。（□1つ5点）

ケーキが のって いる さらが □ まい あります。
ケーキは □ こずつ のって います。
ケーキは ぜんぶで 何(なん)こ ありますか。

★★
3 テープを 4本 つなぎます。テープ1本分(ぶん)の 長(なが)さが 5cmの とき、つないだ テープは 何cmに なりますか。

(しき10点・答え10点)

しき

答(こた)え ＿＿＿＿＿＿＿＿

★★
4 あつさが 5cmの じしょを 3さつ つみます。

① つんだ 高(たか)さは、1さつ分の あつさの 何ばいですか。

(10点)

(　　　　　　)

② 高さは 何cmですか。 (しき10点・答え10点)

しき

答え ＿＿＿＿＿＿＿＿

③ じしょを もう1さつ つむと、高さは 何cmに なりますか。

(10点)

(　　　　　　)

よそうとくてん… 　　　点

かけ算（2）

月　日　名まえ

1 （　）に あてはまる 数(かず)を 書(か)きましょう。 （（　）1つ5点(てん)）

① 6のだんの 九九は、答(こた)えが（　　　）ずつ ふえて いきます。

6×1＝□
□ふえる
6×2＝□
□ふえる
6×3＝□
⋮

② 9×5の 答えは、9×4の 答えに（　　　）を たした 数と 同(おな)じです。

2 つぎの 計算(けいさん)を しましょう。 （1もん4点）

① 8×6　　② 1×5

③ 7×3　　④ 9×8

⑤ 6×6　　⑥ 7×9

⑦ 9×5　　⑧ 1×8

⑨ 8×7　　⑩ 6×4

★
3 □に あてはまる 数を 書きましょう。 (1もん5点)

① $9\times3=\square\times9$

② $3\times4=\square\times2$

★★
4 7こ入りの パンが 6ふくろ あります。
パンは ぜんぶで 何(なん)こ ありますか。 (しき10点・答え10点)

しき

答え

★★
5 長(なが)さが 8cmの リボンが あります。
この リボンの 3ばいの 長さを もとめましょう。
(しき10点・答え10点)

しき

答え

よそうとくてん… 点

かけ算（2）

月　日　名まえ

／100点

1 つぎの 計算(けいさん)を しましょう。　（1もん3点(てん)）

① 7×2　② 6×7
③ 1×6　④ 8×4
⑤ 9×9　⑥ 7×5
⑦ 8×8　⑧ 1×5

2 答(こた)えが つぎの 数(かず)に なる 九九を すべて 見つけましょう。

（（　）1つ3点）

×		かける数								
		1	2	3	4	5	6	7	8	9
かけられる数	1	1	2	3	4	5	6	7	8	9
	2	2	4	6	8	10	12	14	16	18
	3	3	6	9	12	15	18	21	24	27
	4	4	8	12	16	20	24	28	32	36
	5	5	10	15	20	25	30	35	40	45
	6	6	12	18	24	30	36	42	48	54
	7	7	14	21	28	35	42	49	56	63
	8	8	16	24	32	40	48	56	64	72
	9	9	18	27	36	45	54	63	72	81

① 12（　×　）（　×　）（　×　）（　×　）

② 36（　×　）（　×　）（　×　）

★

3 □に あてはまる 数を 書きましょう。（1もん5点）

① 7×6＝7×5＋□

② 9×8＝9×□＋9

★★

4 1週間は 7日です。4週間は 何日ですか。（しき10点・答え10点）

しき

答え

★★

5 はこが 4はこ あります。1つの はこには チョコレートが 5こずつ 入って います。チョコレートは ぜんぶで 何こ ありますか。

① もんだいに あう 図に ○を つけましょう。（5点）

あ
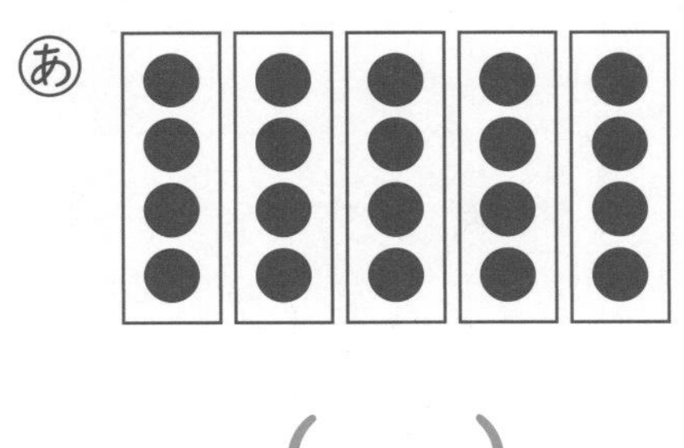
（　　）

い
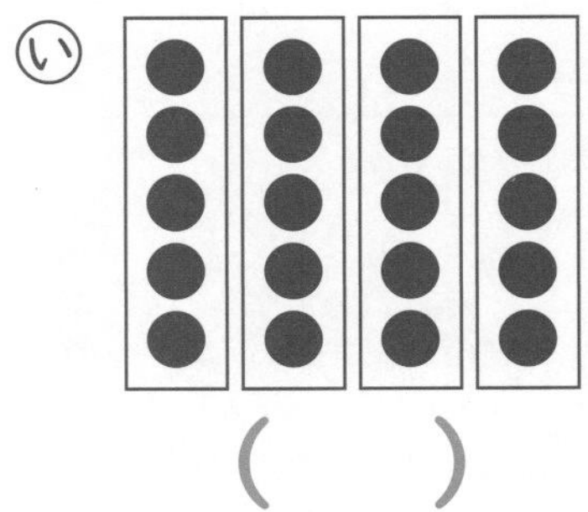
（　　）

② チョコレートは、ぜんぶで 何こ ありますか。

（しき10点・答え10点）

しき

答え

かけ算（2）

月　日　名まえ

／100点

★

1 つぎの 計算を しましょう。 （1もん3点）

① 6×9　② 7×8

③ 9×8　④ 1×9

⑤ 8×2　⑥ 6×8

⑦ 9×6　⑧ 7×7

⑨ 8×9　⑩ 1×1

★★

2 まんじゅうの 数の もとめ方を 考えて います。下の 考え方に あう 図を ㋐～㋒から えらびましょう。 （10点）

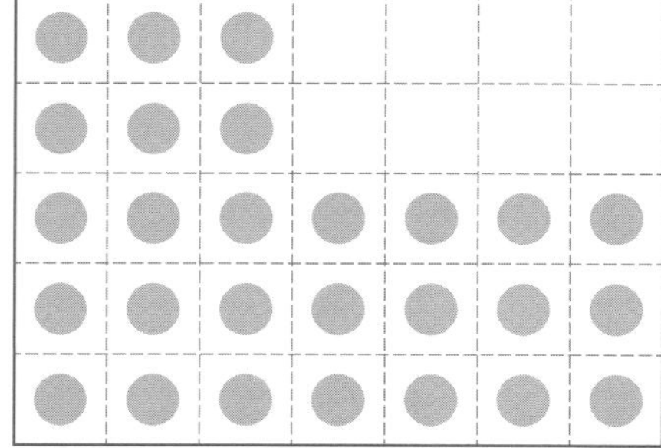

〈考え方〉
3×4＝12
5×3＝15
12＋15＝27

㋐

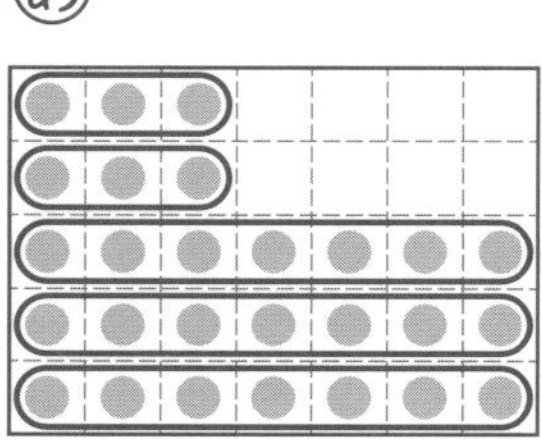

㋑

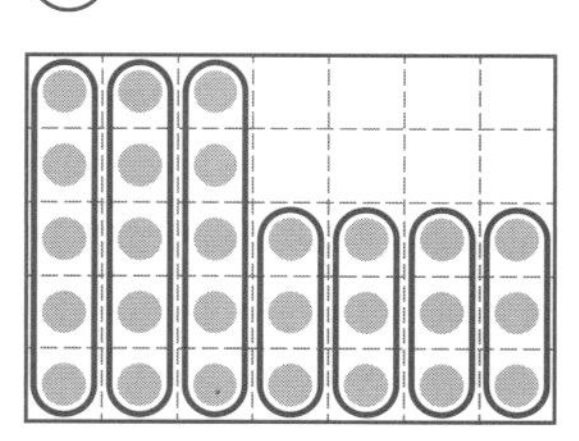

㋒

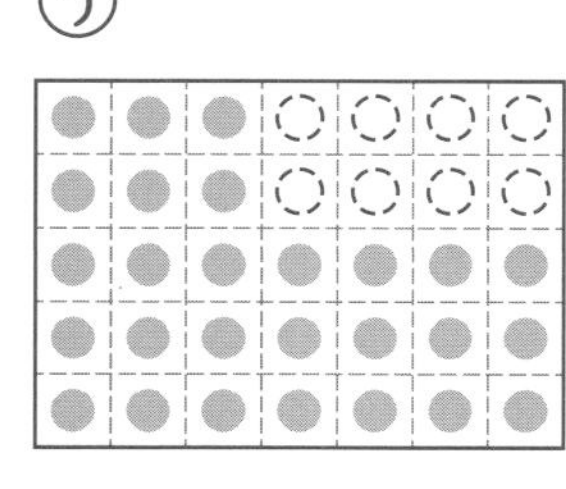

（　　）

★

3 □に あてはまる 数を 書(か)きましょう。 （1もん5点）

① $2 \times 9 = 6 \times \square$

② $8 \times \square = 8 \times 5 + 8$

★★

4 トラックが 5台(だい) とまって います。
どの トラックも タイヤが 6こ ついて います。

① タイヤの 数は ぜんぶで 何(なん)こに なりますか。

（しき10点・答え10点）

しき

答(こた)え

② トラックが もう 1台 くると、タイヤの 数は 何こ ふえますか。 （10点）

（　　　　　）

★★

5 1まい 8円の 色紙(いろがみ)を 7まいと、90円の けしゴムを 1つ 買(か)いました。ぜんぶで 何円(なんえん)ですか。 （しき10点・答え10点）

しき

答え

よそうとくてん…　　点

1000より 大きい 数

月　　日　名まえ

1 数(かず)が 小さい じゅんに なるように ひらがなを ならべかえよう。どんな ことばが 出て くるかな？

100を15こ あつめた 数　に

2000より 500 大きい 数　ん

10000より 100 小さい 数　せ

1000を10こ あつめた 数　い

900+700　ね

答(こた)え ○○○○○

2 数の 大きい 方(ほう)へ すすんで、ゴールまで 行(い)こう！

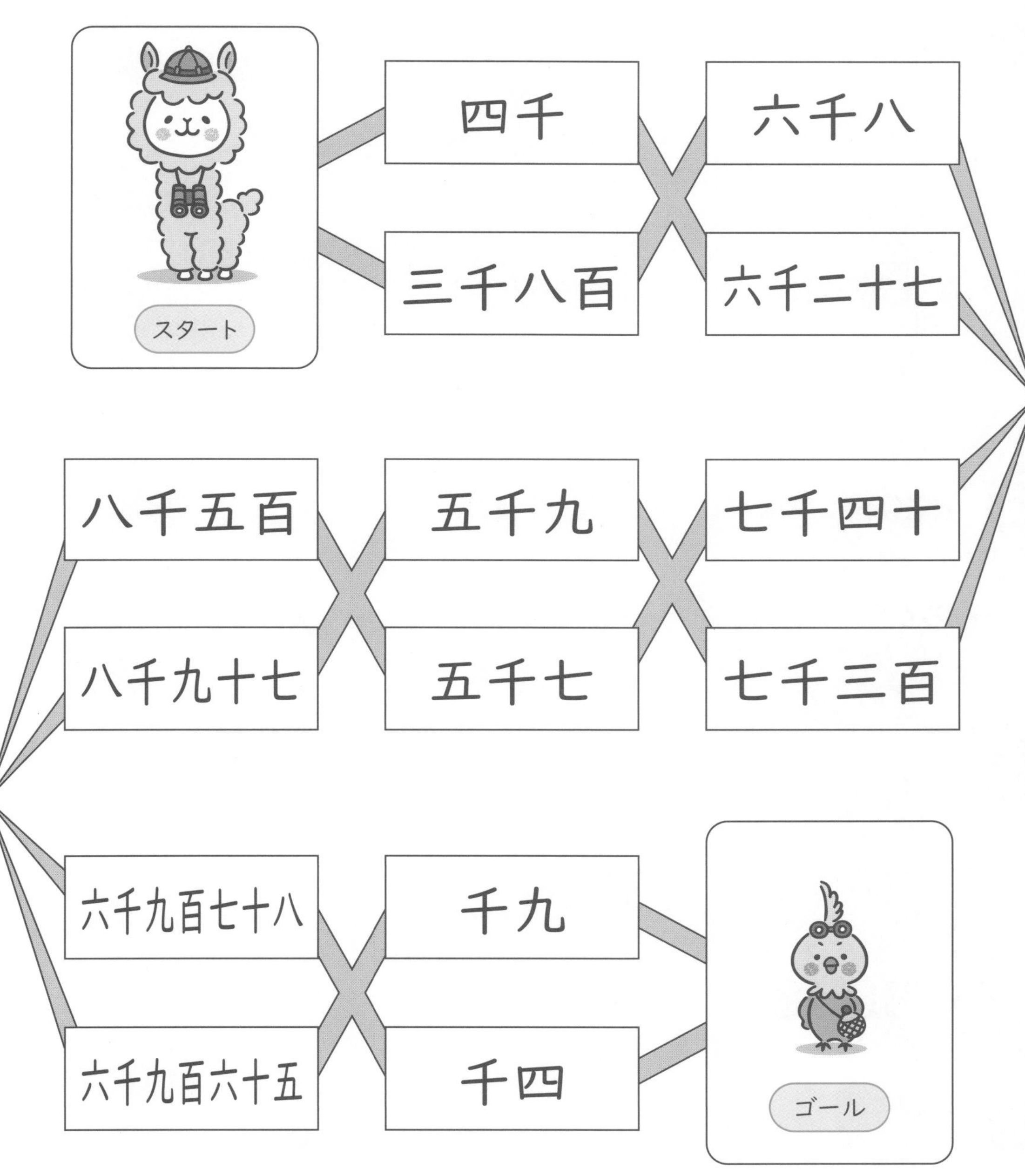

1000より 大きい 数

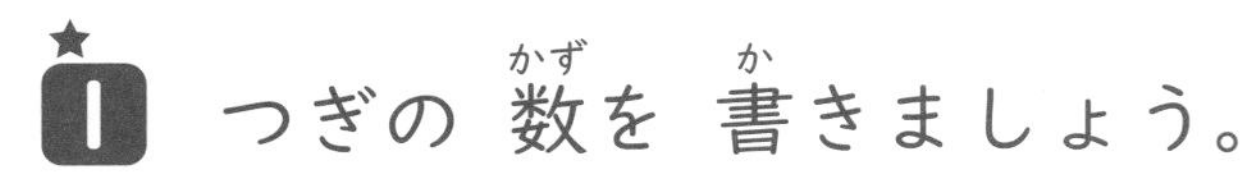

月　　日　名まえ　　／100点

1 つぎの 数(かず)を 書(か)きましょう。（1もん10点(てん)）

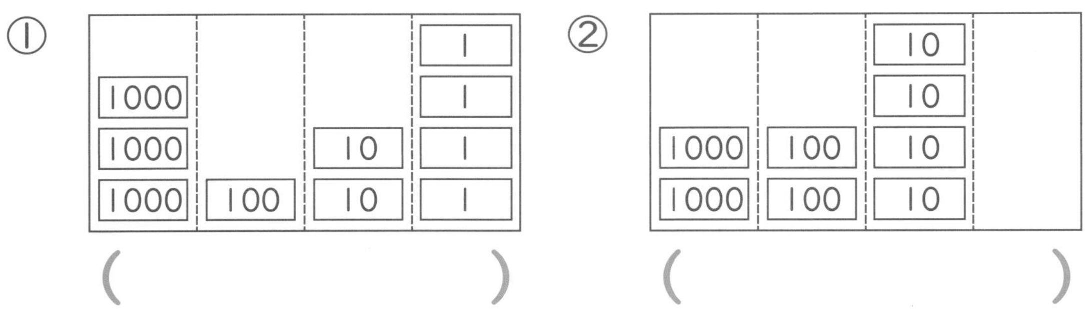

①（　　　　）　②（　　　　）

2 8205について 答(こた)えましょう。（1もん5点）

千のくらいの 数（　　）　十のくらいの 数（　　）

3 □に あてはまる ＞、＜を 書きましょう。（1もん5点）

① 7999 □ 8001

② 3058 □ 3508

4 □に あてはまる 数を 書きましょう。（1もん5点）

4230　4240　①□　4260　②□　4280

★

5 つぎの 数を 数字(すうじ)で 書きましょう。 (1もん5点)

① 千三百九十五 (　　　　)

② 1000を 4こ、100を 6こ、10を 2こ、1を 5こ あわせた 数 (　　　　)

③ 100を 53こ あつめた 数 (　　　　)

④ 9900より 100 大きい 数 (　　　　)

★

6 つぎの 数は 100を 何(なん)こ あつめた 数ですか。 (1もん5点)

① 5900 (　　　　)　② 3000 (　　　　)

★

7 つぎの 計算(けいさん)を しましょう。 (1もん5点)

① 300＋900

② 500＋500

③ 600－300

④ 900－400

1000より 大きい 数

月　日　名まえ　／100点

1 つぎの 数を 数字で 書きましょう。（1もん5点）

① 七千五百九十二　（　　　）

② 千十二　（　　　）

2 （　）に あてはまる 数を 書きましょう。（1もん5点）

① 7382は、1000を（　）こ、100を（　）こ、10を（　）こ、1を（　）こ あわせた 数です。

② 3004は、1000を（　）こ、1を（　）こ あわせた 数です。

③ 9060は、1000を（　）こ、10を（　）こ あわせた 数です。

④ 6990より 10 大きい 数は（　）です。

⑤ 9999より 1 大きい 数は（　）です。

⑥ 10000より 10 小さい 数は（　）です。

3 □に あてはまる 数を 書きましょう。（1もん5点）

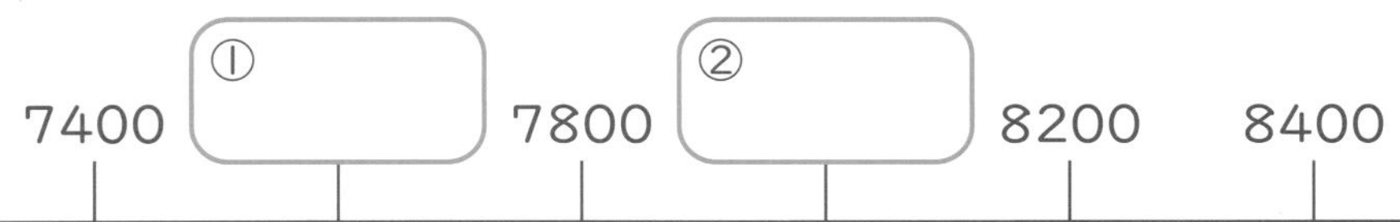

★
4 つぎの 数は 100を 何(なん)こ あつめた 数ですか。 （1もん5点）

① 4000（　　　　） ② 2500（　　　　）

③ 6200（　　　　）

★
5 つぎの 3つの 数を くらべて、いちばん 大きな 数に ○を つけましょう。 （1もん5点）

①

（　　）1325
（　　）1305
（　　）1320

②

（　　）4100
（　　）4010
（　　）4001

③

（　　）9090
（　　）10000
（　　）9900

★
6 つぎの 計算(けいさん)を しましょう。 （1もん5点）

① 700＋600

② 6000＋7

③ 900－800

④ 1000－200

よそうとくてん…　　　点

1000より 大きい 数

月　　日　名まえ　　　／100点

1 つぎの 数を 数字で 書きましょう。（1もん5点）

① 二千六十四　（　　　　）

② 八千百五　（　　　　）

2 つぎの 数を 書きましょう。（1もん5点）

① 1000を 6こ、100を 4こ、10を 2こ、1を 3こ あわせた 数　（　　　　）

② 1000を 8こ、100を 3こ、1を 5こ あわせた 数　（　　　　）

③ 1000を 4こ、1を 7こ あわせた 数　（　　　　）

④ 100を 37こ あつめた 数　（　　　　）

⑤ 千のくらいの 数字が 1、百のくらいの 数字が 9、十のくらいの 数字が 6、一のくらいの 数字が 2の 数　（　　　　）

⑥ 5000より 1 小さい 数　（　　　　）

3 □に あてはまる >、<を 書きましょう。（1もん5点）

① 9809 □ 9908

② 5531 □ 5538

4 ［　］に あてはまる 数を 書きましょう。 （1もん5点）

9970　9980　9990

①［　　］　②［　　］

5 つぎの 数は 100を 何(なん)こ あつめた 数ですか。 （1もん5点）

① 2800（　　）　② 10000（　　）

③ 4200（　　）　④ 6800（　　）

6 400＋900について 答(こた)えましょう。 （1もん5点）

① 400＋900は、100を いくつ あつめた 数ですか。

（　　）

② 400＋900は、いくつですか。（　　）

7 □に あてはまる 数字を ぜんぶ 書きましょう。 （10点）

45□8 < 4532　（　　）

よそうとくてん…［　］点

長さ（2）

月　　日　名まえ

1 長く なる 方に すすんで ゴールまで 行こう！

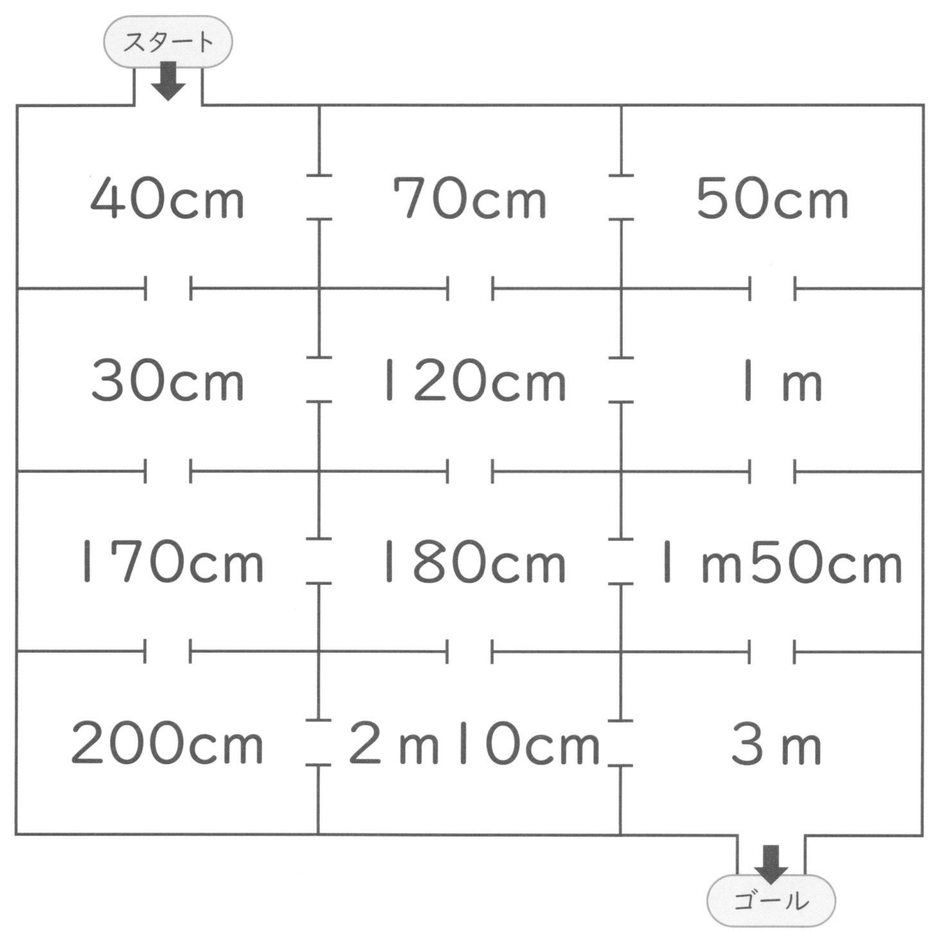

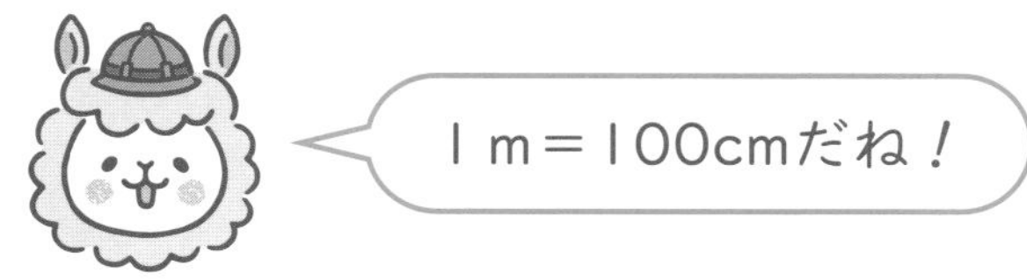

2 ゴールへの 近道(ちかみち)は ㋐〜㋒の どれかな？

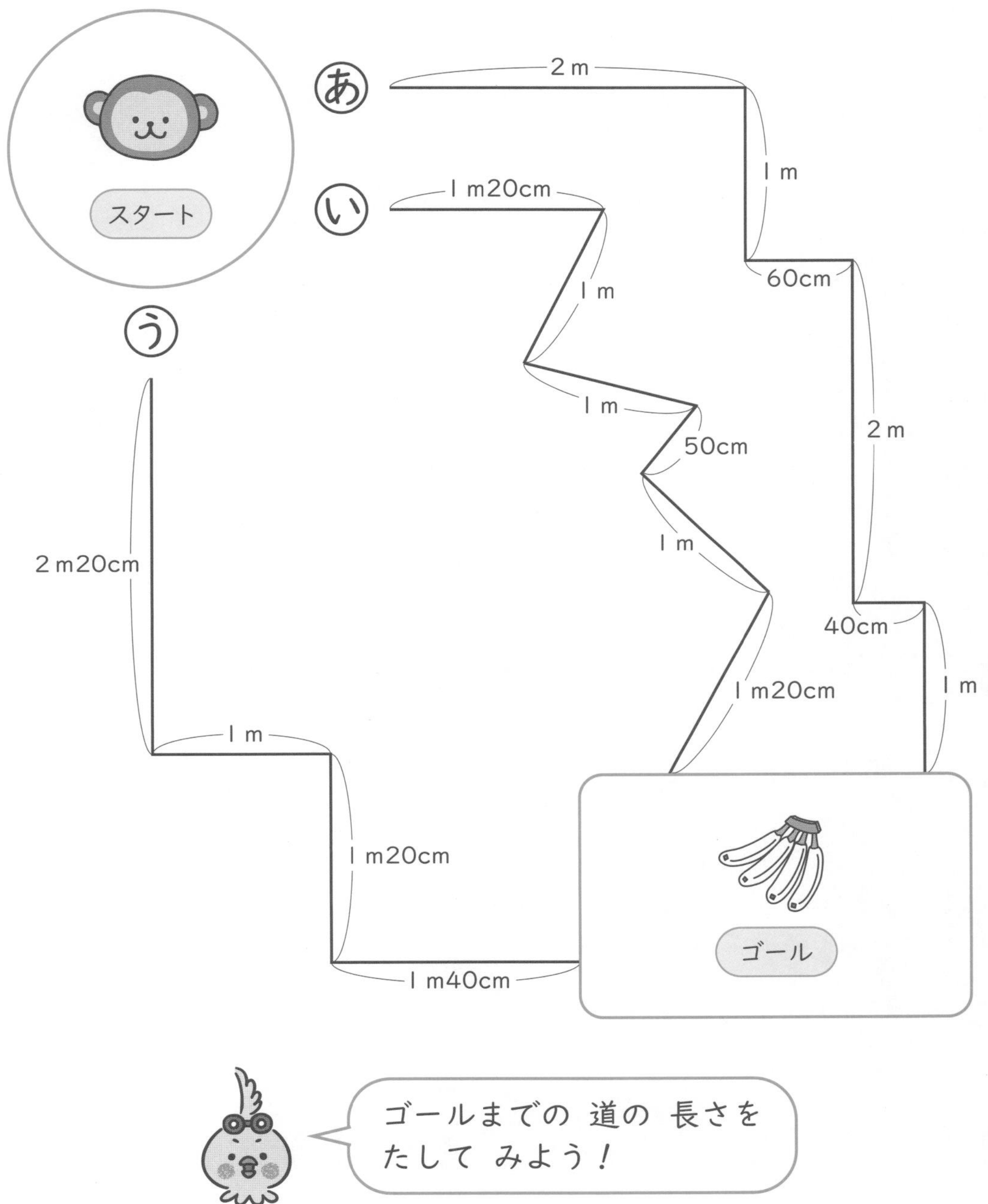

ゴールまでの 道の 長さを たして みよう！

答(こた)え（　　　　　　）

長さ（2）

月　日　名まえ

／100点

1 テープの 長さを はかりました。（1もん10点）

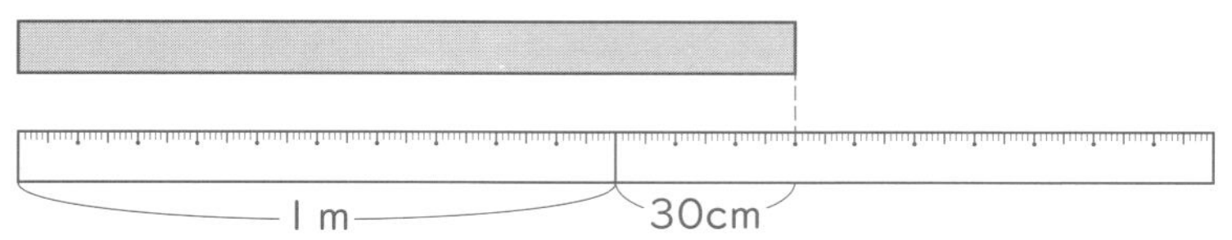

① テープの 長さは、何m何cmですか。

（　　　）m（　　　）cm

② テープの 長さは、何cmですか。（　　　）cm

2 □に 長さの たんいを 書きましょう。（1もん5点）

① ノートの あつさ　5□

② 学校の プールの たての 長さ　25□

③ えんぴつの 長さ　15□

3 □に あてはまる 数を 書きましょう。（1もん5点）

① 1m＝□cm

② 425cm＝□m□cm

★
4 りょう手を 広(ひろ)げた 長さを しらべました。

それぞれ 何m何cmですか。ひょうに 書きましょう。

（（　）1つ10点）

りょう手を 広げた 長さ

	めぐみ	ゆうじ
長さ	121cm （　　m　　cm）	108cm （　　m　　cm）

★
5 つぎの 計算(けいさん)を しましょう。

（1もん5点）

① 3m10cm＋80cm

② 1m＋6m

③ 4m50cm－30cm

★★
6 3m80cmの はり金が あります。

工作(こうさく)で 2m つかいました。

のこりは 何m何cmですか。

（しき10点・答え10点）

しき

答(こた)え

よそうとくてん…　　点

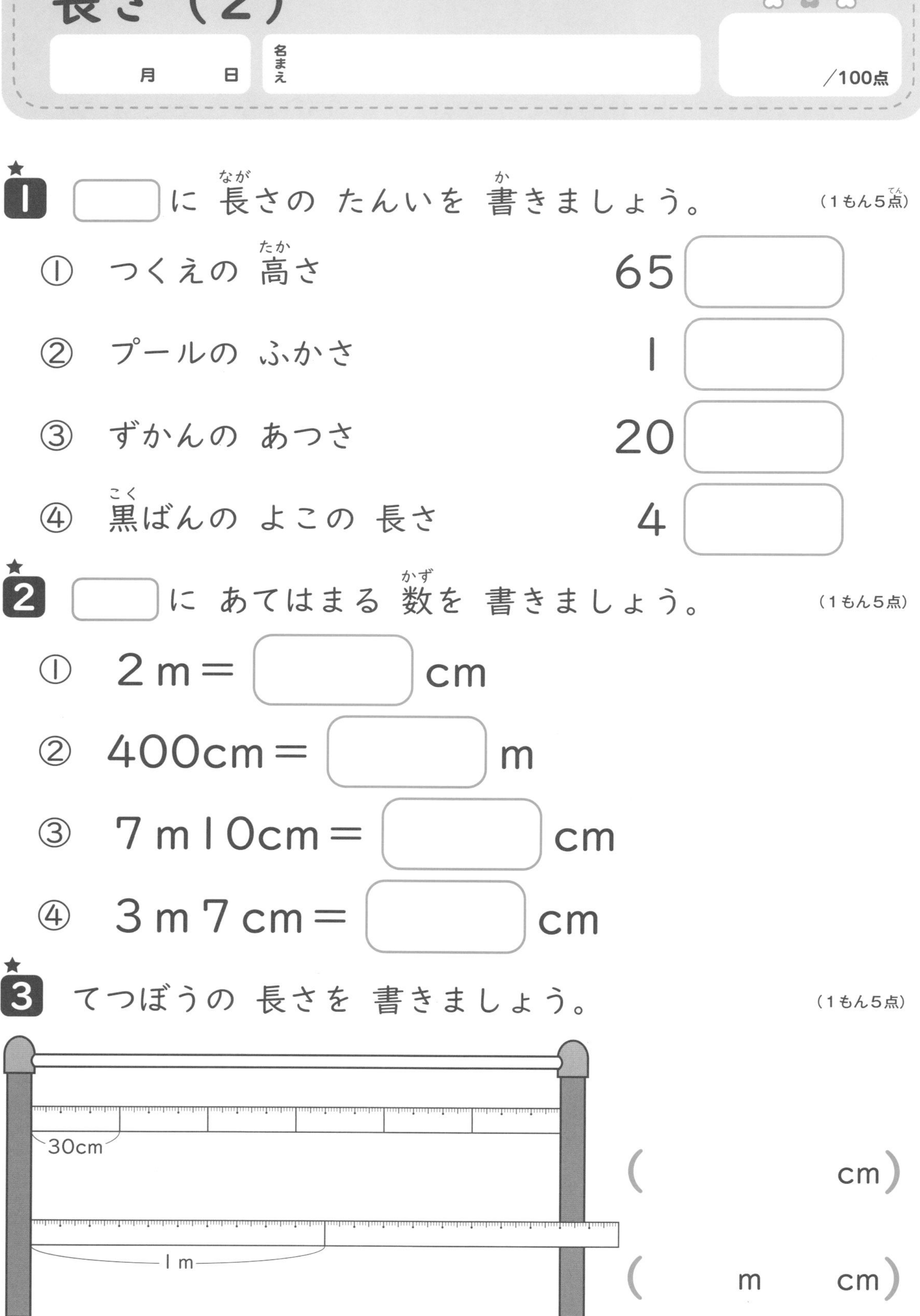

長さ（2）

月　日　名まえ　／100点

1 □に 長(なが)さの たんいを 書(か)きましょう。（1もん5点(てん)）

① つくえの 高(たか)さ　65□

② プールの ふかさ　1□

③ ずかんの あつさ　20□

④ 黒(こく)ばんの よこの 長さ　4□

2 □に あてはまる 数(かず)を 書きましょう。（1もん5点）

① 2m＝□cm

② 400cm＝□m

③ 7m10cm＝□cm

④ 3m7cm＝□cm

3 てつぼうの 長さを 書きましょう。（1もん5点）

（　　　cm）

（　　　m　　　cm）

★
4 つぎの 長さは、何m何cmですか。 （１もん５点）

① １mの ものさし １つ分と、68cmの 長さ

（　　　　　）

② １mの ものさし ４つ分と、６cmの 長さ

（　　　　　）

★
5 つぎの 計算を しましょう。 （１もん５点）

① 19m＋６m

② ３m60cm－50cm

③ ４m70cm＋５m

④ １m－20cm

★★
6 あけみさんの せの 高さは １m20cmです。40cmの 台の 上に 立つと、あわせた 高さは 何m何cmですか。

（しき10点・答え10点）

しき

答え

よそうとくてん…　　点

長さ（2）

月　日　名まえ　／100点

1 テープの 長さは あわせて 何cmですか。（5点）

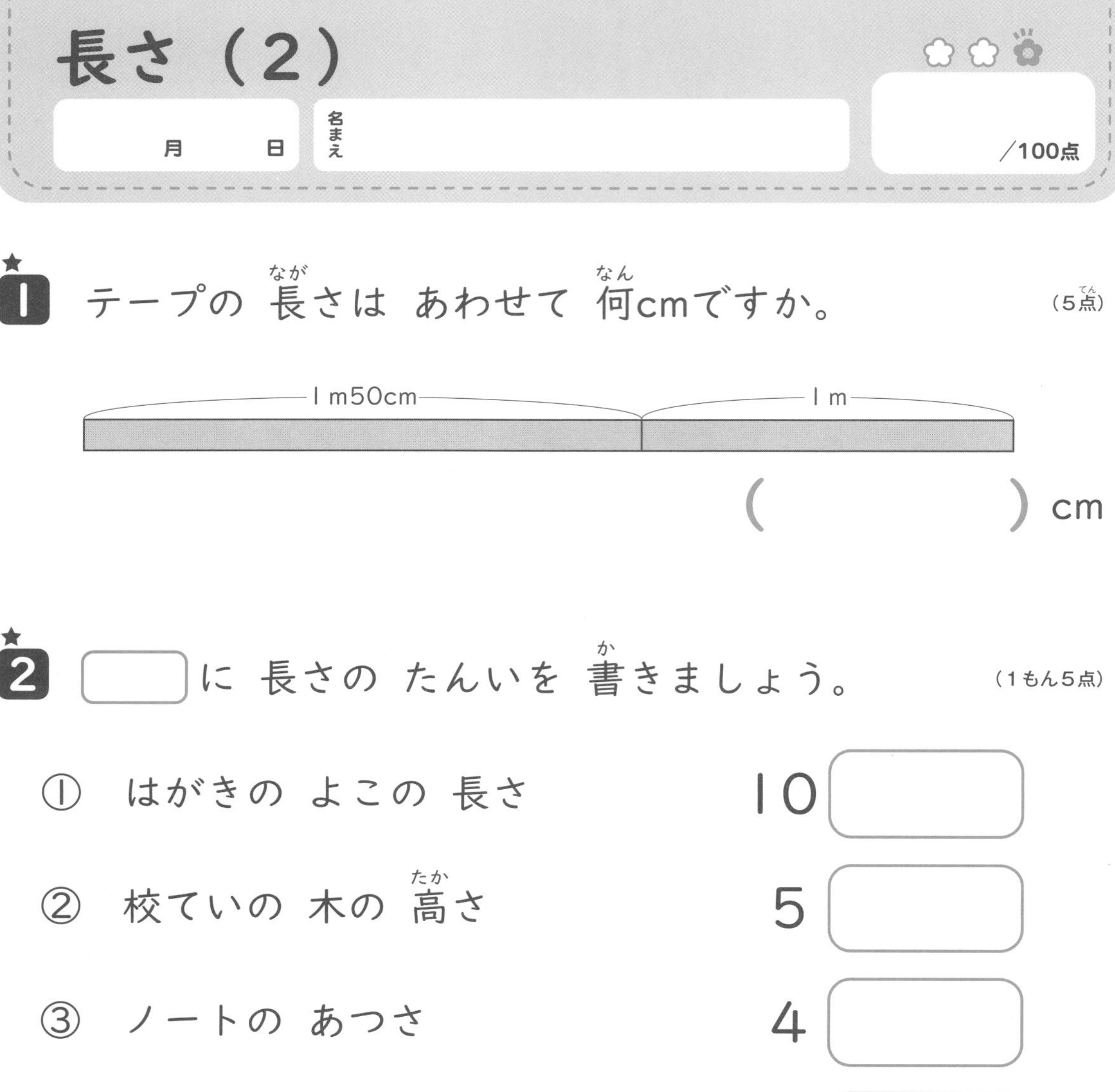

（　　　　）cm

2 □に 長さの たんいを 書きましょう。（1もん5点）

① はがきの よこの 長さ　10□

② 校ていの 木の 高さ　5□

③ ノートの あつさ　4□

④ すな場の たての 長さ　6□

3 つぎの ㋐～㋔を 長い じゅんに ならべましょう。（10点）

㋐ 6m　㋑ 610cm　㋒ 6m2cm
㋓ 5900cm　㋔ 600mm

（　　→　　→　　→　　→　　）

★

4 ［　］に あてはまる 数(かず)を 書きましょう。 (1もん5点)

① 180cm＝［　］m［　］cm

② 6m6cm＝［　］cm

③ 803cm＝［　］m［　］cm

④ 900cm＝［　］m

★

5 つぎの 計算(けいさん)を しましょう。 (1もん5点)

① 2m50cm＋3m

② 3m8cm－2m

③ 1m80cm＋20cm

④ 1m－40cm

★★

6 黒(こく)ばんの よこの 長さを はかったら、図(ず)のように なりました。

1m　1m　1m　60cm

① よこの 長さは、何m何cmですか。(5点)

(　　　　　)

② たての 長さは 1m20cmです。よこの 長さは、たての 長さより 何m何cm 長いですか。 (しき10点・答え10点)

しき

答(こた)え

よそうとくてん…［　］点

チェック＆ゲーム

図を つかって 考えよう

月　　日　名まえ

ことばの たし算、ひき算を しよう！

①

きゅう食	当番
［　　　　　］	

②

［　　　　］	牛にゅう
コーヒー牛にゅう	

③

色	［　　　　］
色えんぴつ	

右の ページの れんしゅうもんだいだよ。
［　］に あてはまる ことばを 考えて みよう。

2 数字の たし算、ひき算だよ。

[ ] に あてはまる 数と あうように 線で むすぼう！

①
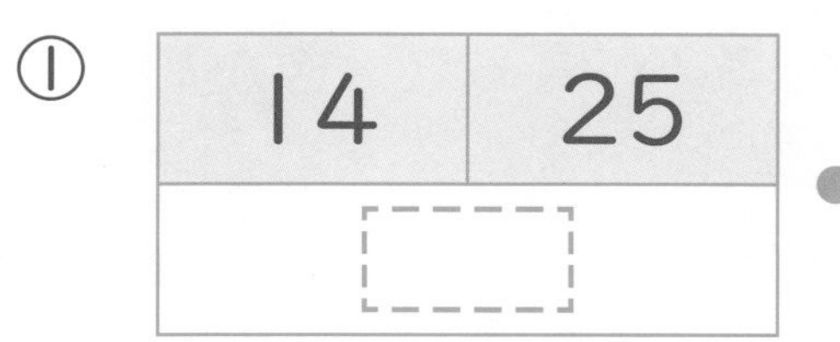

30

②
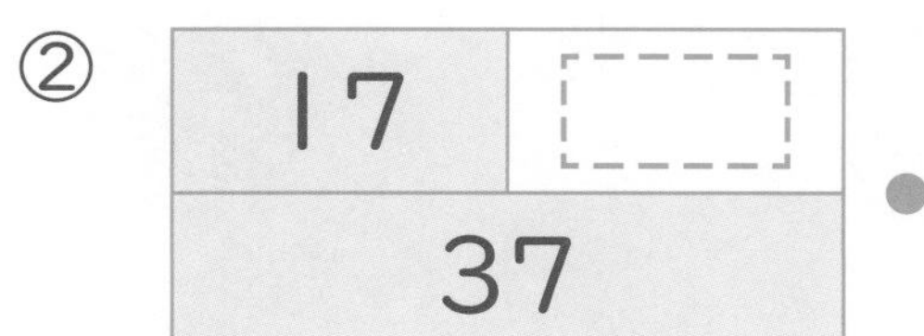

20

③

39

④
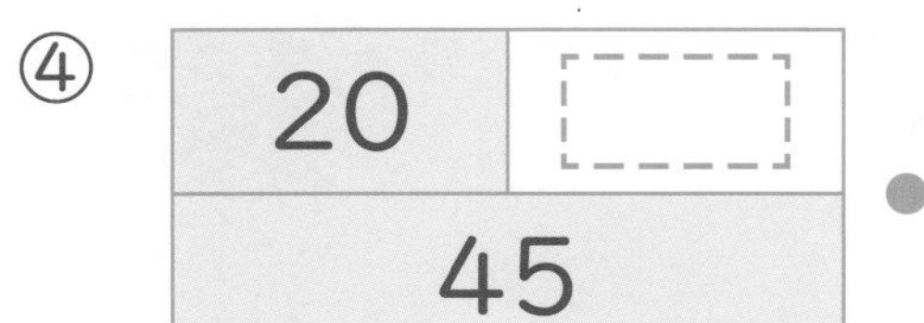

25

①は 14＋25だね。
②は 17と 何かを たして 37に なるから…。

図を つかって 考えよう

月　日　名まえ　／100点

1 みかんが 17こ あります。何(なん)こか 買(か)って きたので、ぜんぶで 33こに なりました。
買って きた みかんは 何こですか。（しき10点(てん)・答え10点）

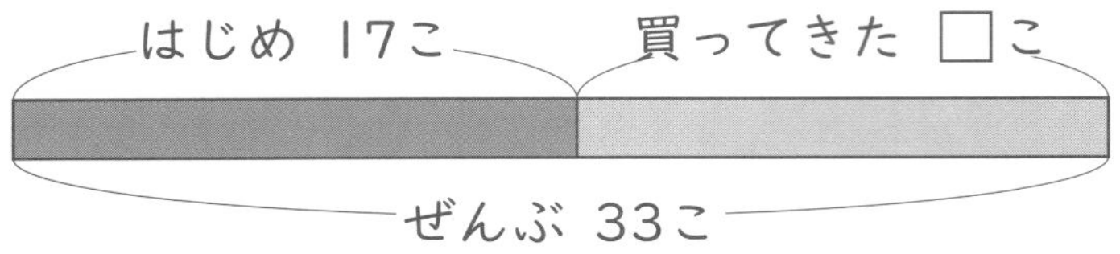

しき

答(こた)え

2 図(ず)の（　）に あてはまる、数(かず)か □を 書(か)きましょう。（（　）1つ10点）

公園(こうえん)で 14人の 子どもが あそんで いました。あとから □人 来(き)たので、みんなで 23人に なりました。

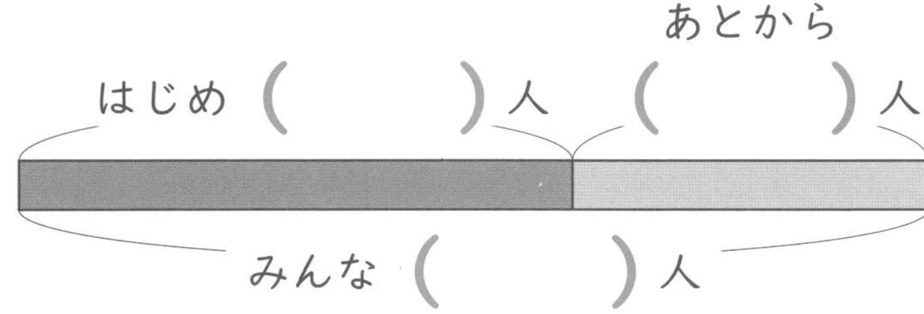

★★
3 ジュースが 何本か あります。
25本 くばったので、のこりが 8本に なりました。
ジュースは、はじめ 何本 ありましたか。 (しき10点・答え10点)

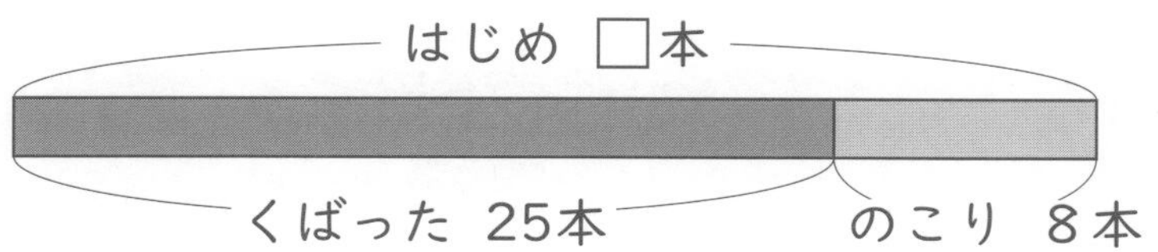

しき

答え ＿＿＿＿＿＿＿＿

★★
4 赤い テープと 青い テープが あります。赤い テープは、青い テープより 7cm 長(なが)いそうです。赤い テープの長さは 20cmです。 (図10点・しき10点・答え10点)

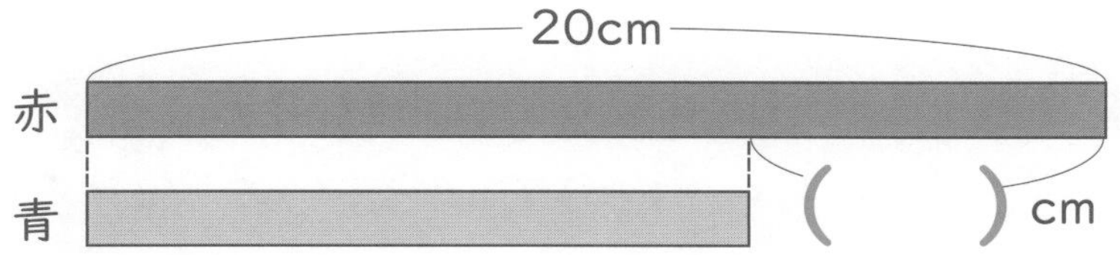

① 図の（　）に あてはまる 数を 書きましょう。

② 青い テープは 何cmですか。

しき

答え ＿＿＿＿＿＿＿＿

図を　つかって　考えよう

月　　日　名まえ　　　／100点

1 えんぴつと　ノートを　買(か)います。えんぴつは、ノートより20円　やすいそうです。えんぴつは　75円です。ノートは何円(なんえん)ですか。

（図（　）1つ5点(てん)・しき10点・答え10点）

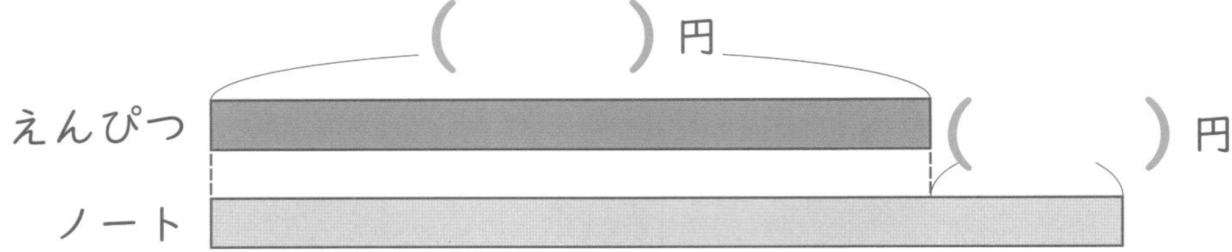

① 図(ず)の（　）に　あてはまる　数(かず)を　書(か)きましょう。

② ノートの　ねだんを　もとめましょう。

しき

答(こた)え

2 まやさんは　おり紙(がみ)を　36まい　もって　いました。
さきさんから　何まいか　もらったので　43まいに　なりました。
さきさんから　もらった　おり紙は　何まいですか。

（しき10点・答え10点）

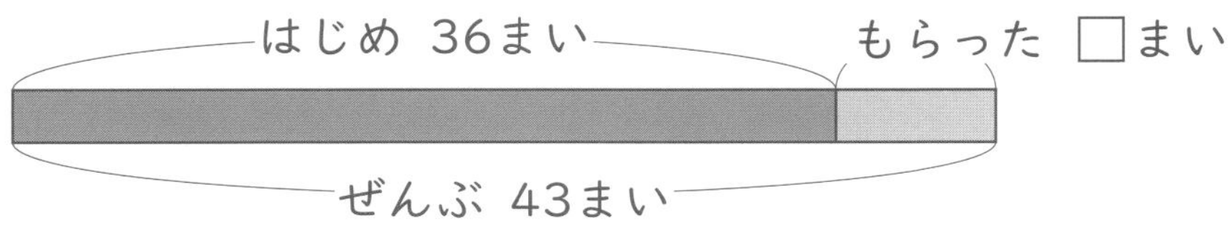

しき

答え

★★

3 色紙（いろがみ）が 60まい あります。そのうち、赤い 色紙は 40まい、青い 色紙は 20まいです。

３つの まい数（すう）の どれかを □で かくします。

かくした まい数を もとめる しきと 図が あうように 線（せん）で むすびましょう。

（1もん10点）

①

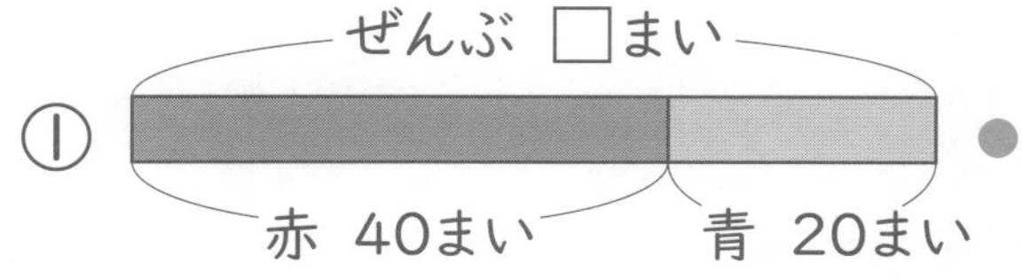

●　　● あ 60－40＝□

②

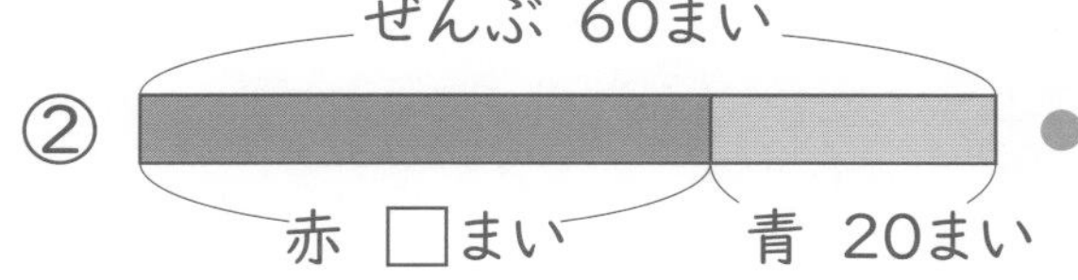

●　　● い 40＋20＝□

③

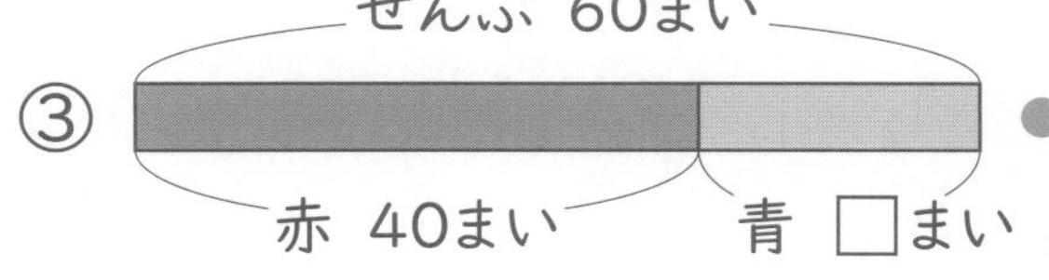

●　　● う 60－20＝□

★★

4 花が あります。18人に １本ずつ わたしたので のこりが ６本に なりました。はじめに 花は 何本 ありましたか。

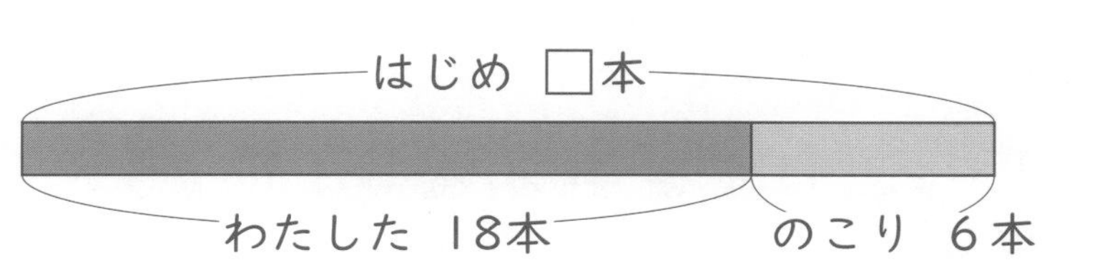

（しき10点・答え10点）

はじめ □本

わたした 18本　　のこり ６本

しき

答え ＿＿＿＿＿＿

図を つかって 考えよう

月　日　名まえ　／100点

1 お店（みせ）で きゅうりと にんじんが 売（う）られて います。にんじんは きゅうりより 6本 多（おお）いそうです。にんじんの 数（かず）は 20本です。きゅうりは 何本（なんぼん） ありますか。

（しき10点（てん）・答え10点）

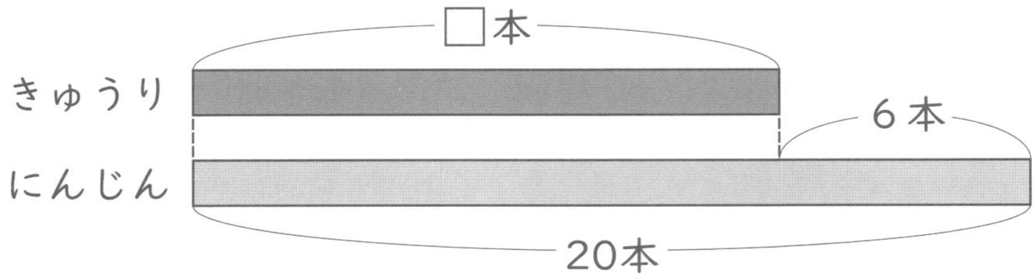

しき

答（こた）え

2 公園（こうえん）に 17人 いました。あとから 何人か 来（き）たので、みんなで 26人に なりました。
あとから 来た 人は 何人ですか。　（図（　）1つ5点・しき10点・答え10点）

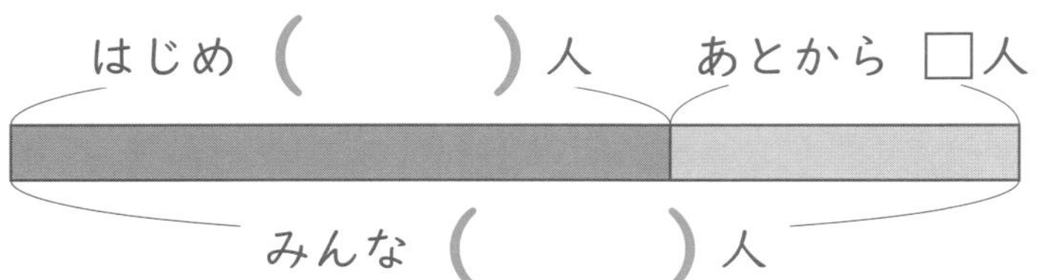

① 図（ず）の（　）に あてはまる 数（かず）を 書（か）きましょう。

② あとから 来た 人の 数を もとめましょう。

しき

答え

★★
3 公園に 何人か いました。8人 帰(かえ)ったので、13人に なりました。公園には、はじめ 何人 いましたか。

(図（ ）1つ5点・しき10点・答え10点)

はじめ □人

帰った（　　）人　のこった（　　）人

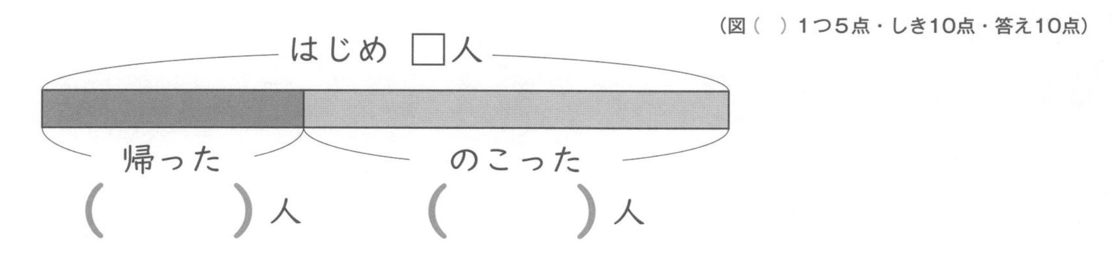

① 図の（ ）に あてはまる 数を 書きましょう。

② はじめに いた 人数を もとめましょう。

しき

答え

★★
4 教室(きょうしつ)に 何人か います。あとから 14人 来たので、みんなで 28人に なりました。
はじめに 何人 いましたか。

(図10点・しき5点・答え5点)

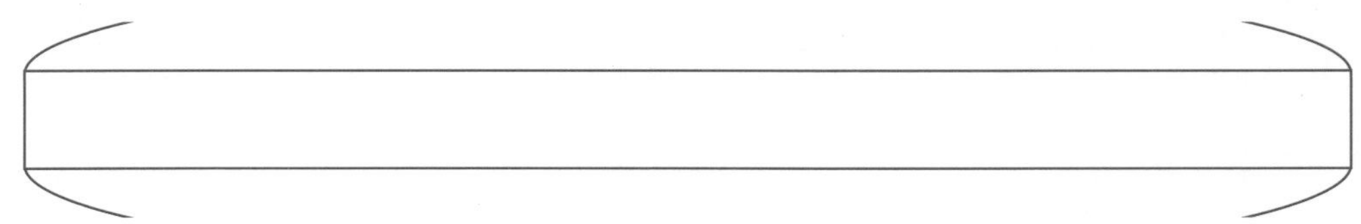

① 図に あらわしましょう。(わからない 数は □と します)

② はじめに いた 人数を もとめましょう。

しき

答え

分数

月　　日　名まえ

いちごが　のった　ケーキを　みんなで　分(わ)けるよ。
分(わ)け方(かた)と　人数(にんずう)が　あうように、線(せん)で　むすぼう。

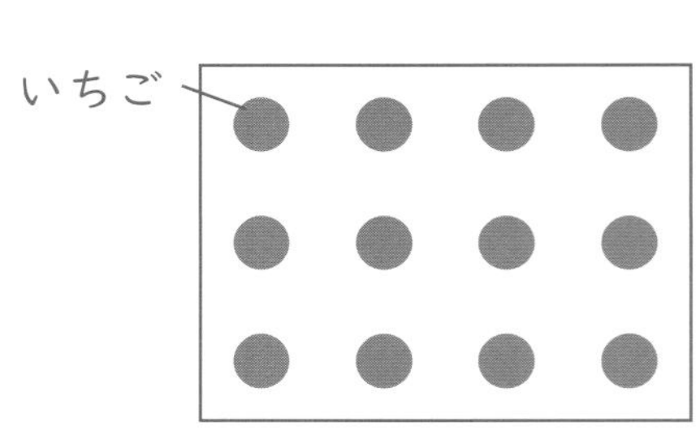

3人

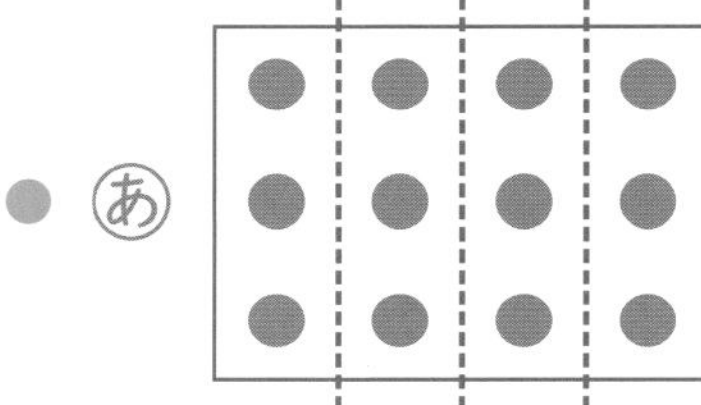

2人

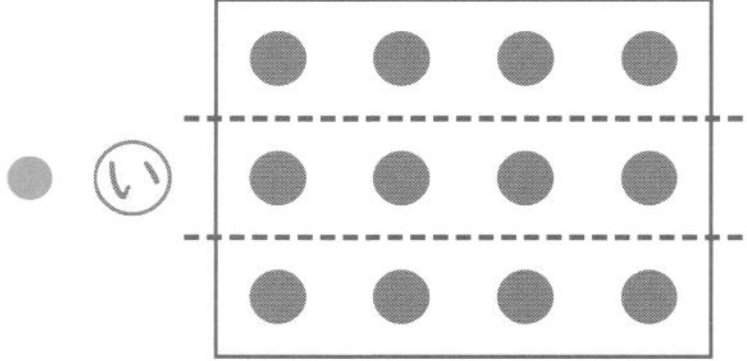

4人

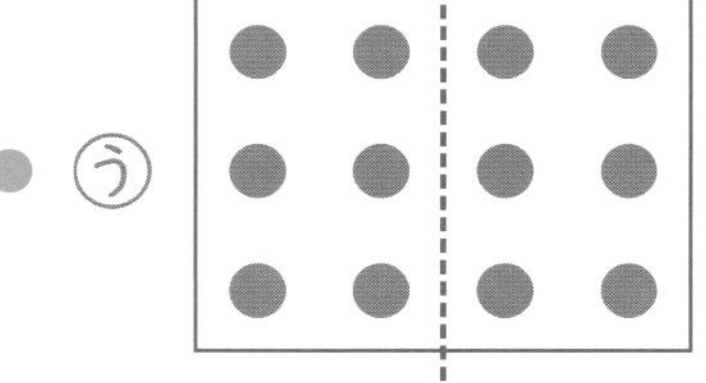

2 もとの 大きさの $\frac{1}{2}$ に なって いる ところを 通(とお)って ゴールまで 行(い)こう！

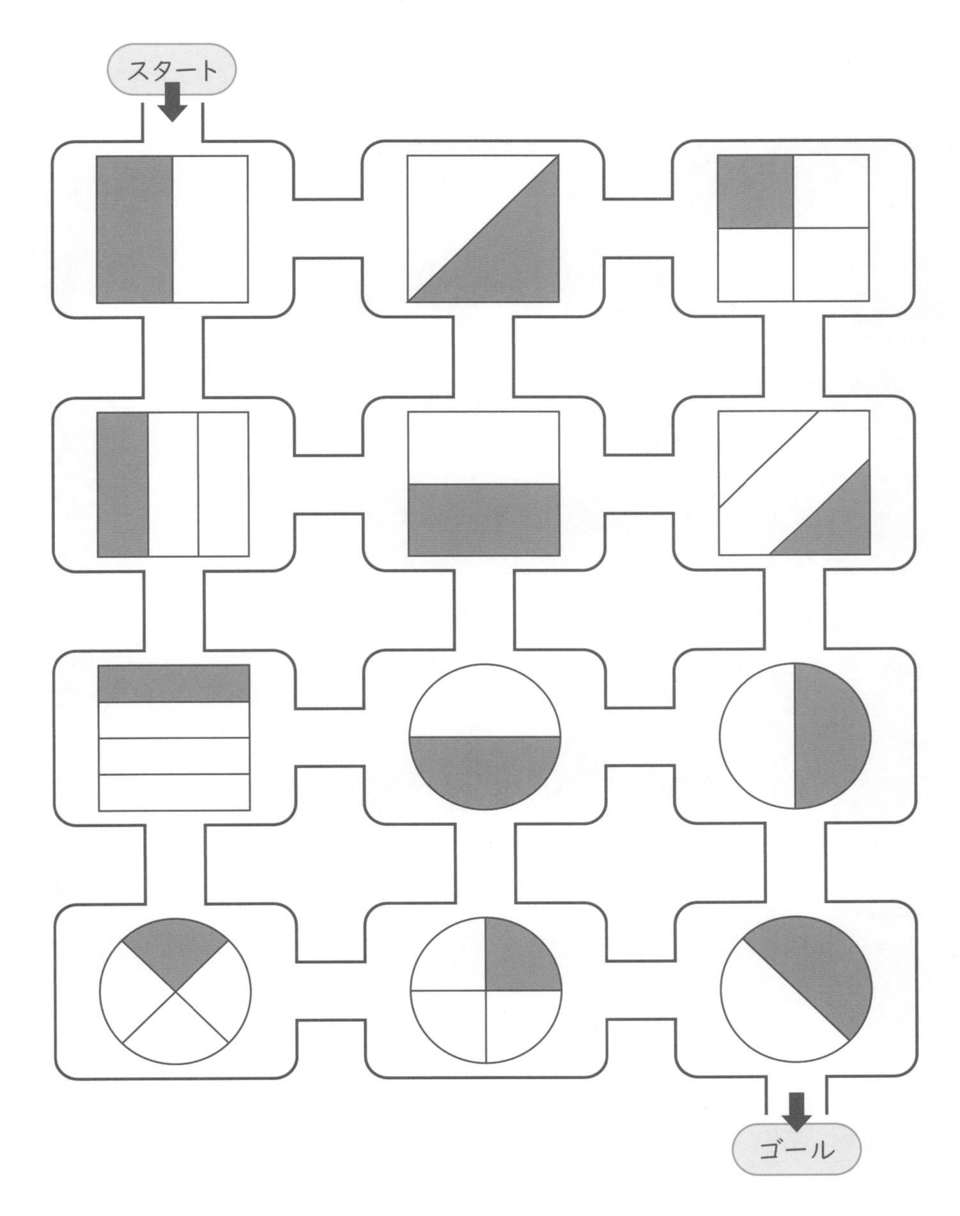

スタート

ゴール

同じ 大きさに 2つに 分けた 1つ分(ぶん)が ぬられて いたら $\frac{1}{2}$ だよ。

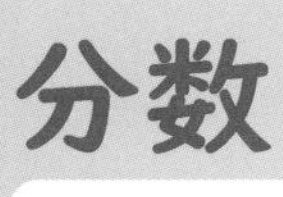

分数

月　日　名まえ

／100点

★
1 色(いろ)の ついた ところが $\frac{1}{2}$ の 大きさに なって いるのは どれですか。（　）に ○を つけましょう。

（10点(てん)）

もとの 大きさ

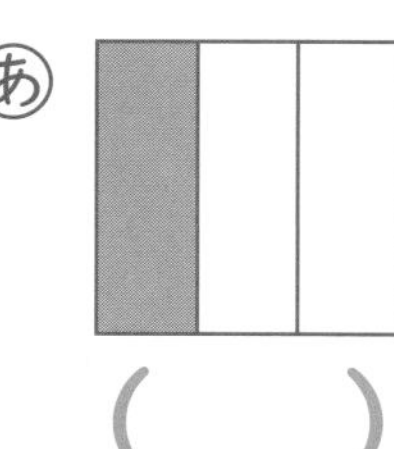

あ（　　）

い（　　）

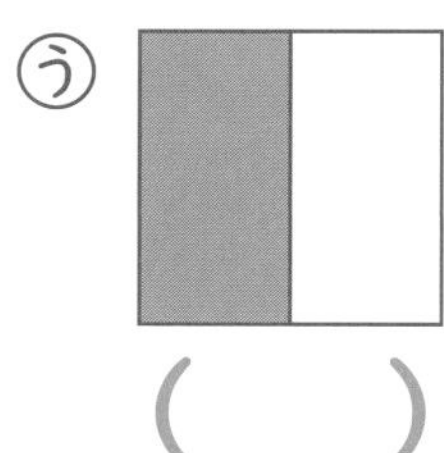

う（　　）

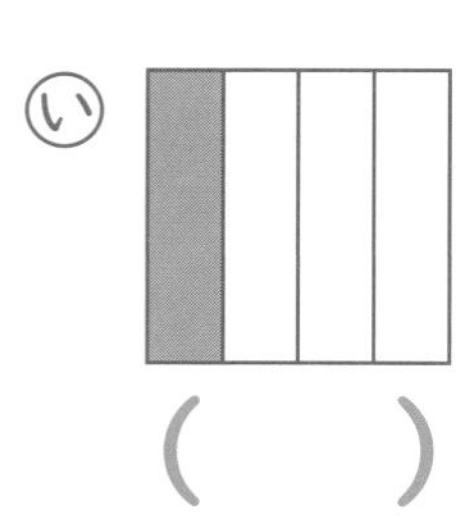

★
2 色の ついた ところの 大きさは もとの 大きさの 何分(なんぶん)の一ですか。

（1もん5点）

もとの 大きさ

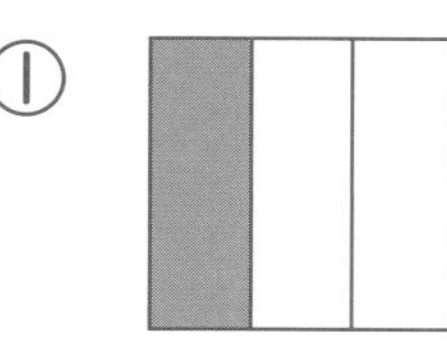

① $\left(\frac{1}{\quad}\right)$

② $\left(\frac{1}{\quad}\right)$

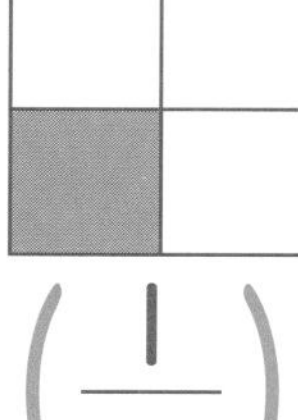

③ $\left(\frac{1}{\quad}\right)$

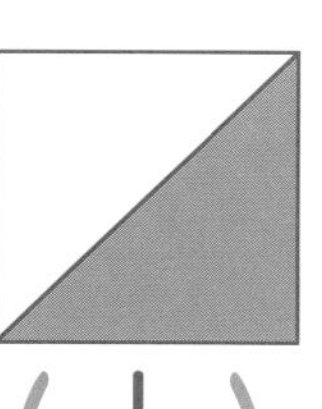

④ $\left(\frac{1}{\quad}\right)$

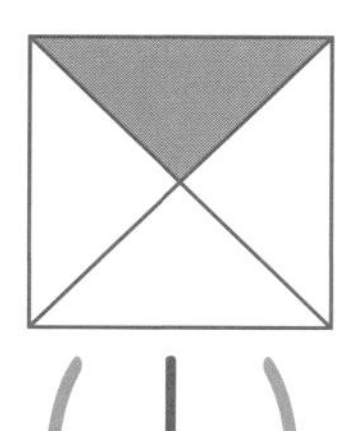

⑤ $\left(\frac{1}{\quad}\right)$

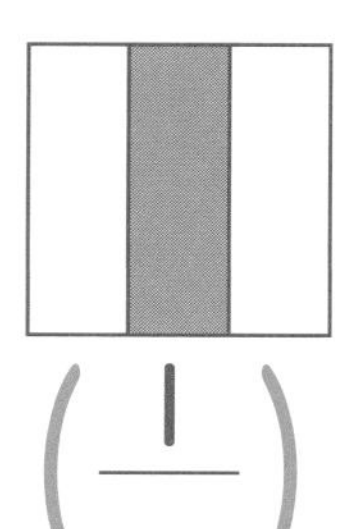

⑥ $\left(\frac{1}{\quad}\right)$

★

3 ㋐は、ある テープを 4つに 分(わ)けた 1つ分で、もとの 長(なが)さの $\frac{1}{4}$ です。もとの 長さは ㋑、㋒の どちらですか。

（10点）

㋐
㋑
㋒

（　　　）

★

4 つぎの 大きさに 色を ぬりましょう。 （1もん10点）

① $\frac{1}{8}$

② $\frac{1}{3}$

③ $\frac{1}{4}$

★★

5 □に あてはまる 数(かず)を 書(か)きましょう。 （□1つ10点）

㋐

㋐は、もとの 大きさの $\frac{1}{\square}$ の 大きさです。

㋐を □つ あつめると もとの 大きさに なります。

よそうとくてん… 　　点

分数

名まえ

★

1 つぎの 大きさに なって いる テープは ㋑、㋒、㋓のうち どれですか。 （1もん10点）

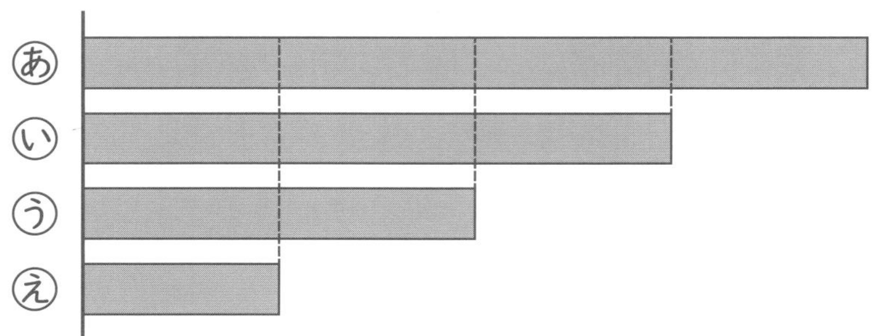

① ㋐の $\frac{1}{2}$ （　　　）

② ㋐の $\frac{1}{4}$ （　　　）

★

2 つぎの 大きさに 色を ぬりましょう。 （1もん10点）

① $\frac{1}{8}$

② $\frac{1}{2}$

③ $\frac{1}{4}$

★

3 ●が 12こ あります。12この $\frac{1}{4}$ の 大きさは 何こですか。 （10点）

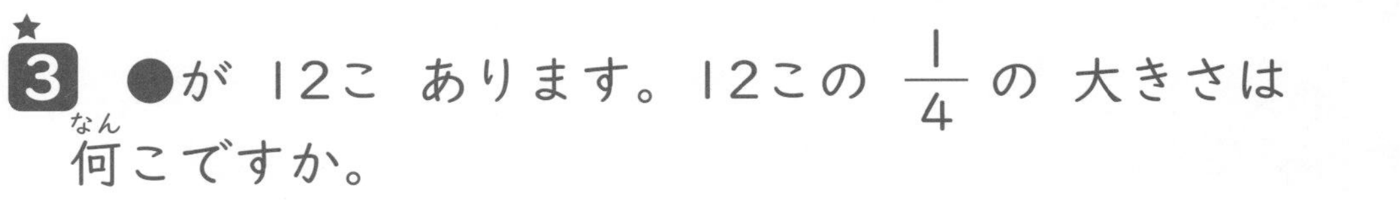

（　　　　）

★

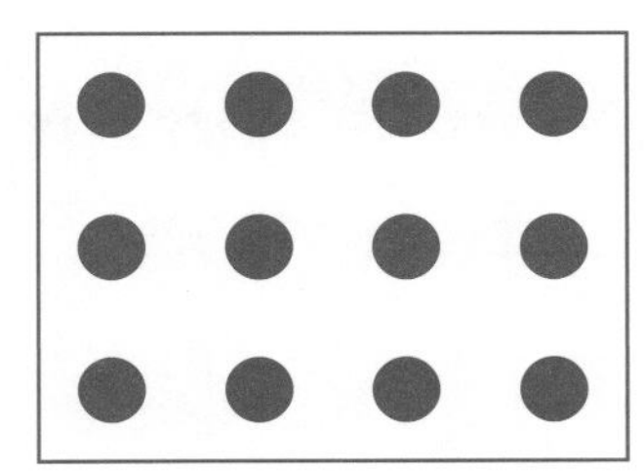

4 色の ついた ところの 大きさは もとの 大きさの 何分の一ですか。 （1もん10点）

もとの 大きさ

① 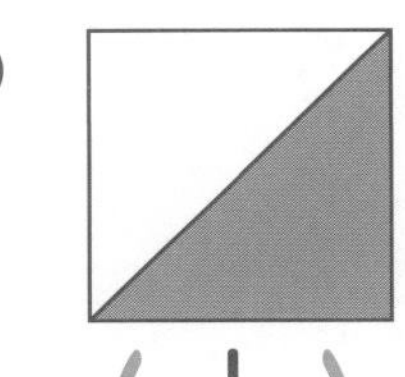

（$\frac{1}{\quad}$）

② 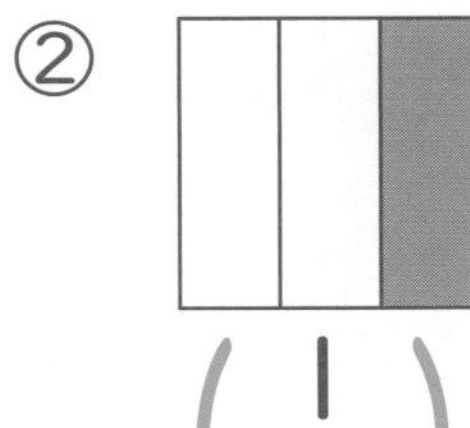

（$\frac{1}{\quad}$）

③ 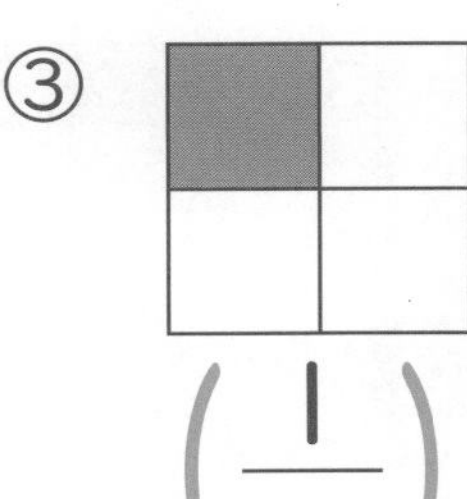

（$\frac{1}{\quad}$）

★★

5 下の ㋐、㋑の テープに ついて、□に あてはまる 数を 書きましょう。 （□1つ5点）

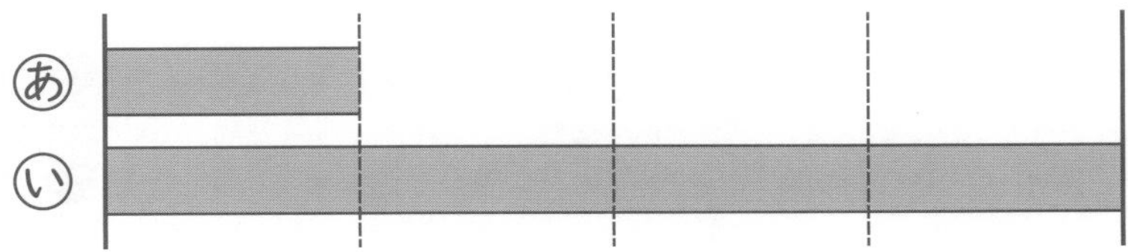

㋐の テープの □ つ分が ㋑の テープです。

㋑の テープは、㋐の テープの □ ばいです。

分数

名まえ

1 色の ついた ところは もとの 長さの 何分の一ですか。

（1もん5点）

① 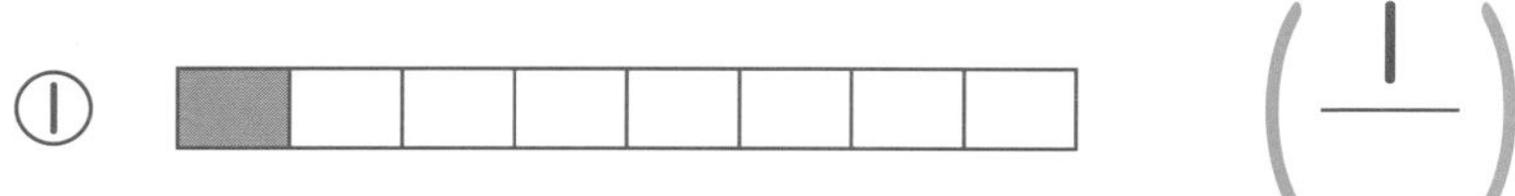　（ $\frac{1}{\quad}$ ）

② 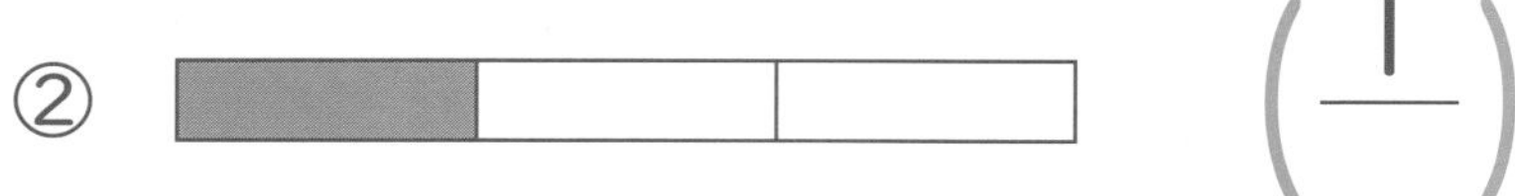　（ $\frac{1}{\quad}$ ）

③ 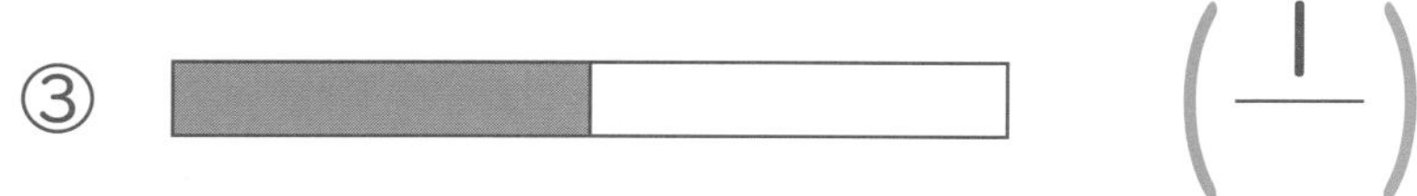　（ $\frac{1}{\quad}$ ）

2 つぎの 大きさに 色を ぬりましょう。

（1もん5点）

① $\frac{1}{3}$ 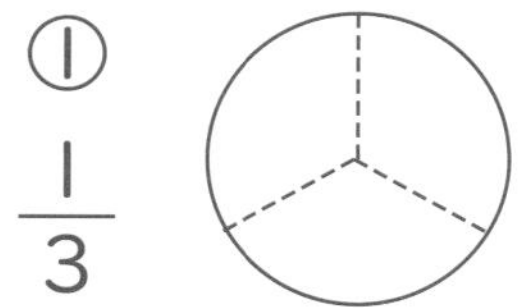

② $\frac{1}{4}$ 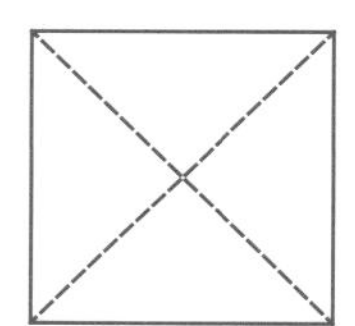

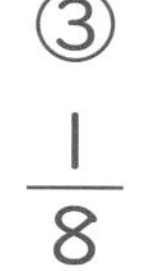

③ $\frac{1}{8}$ 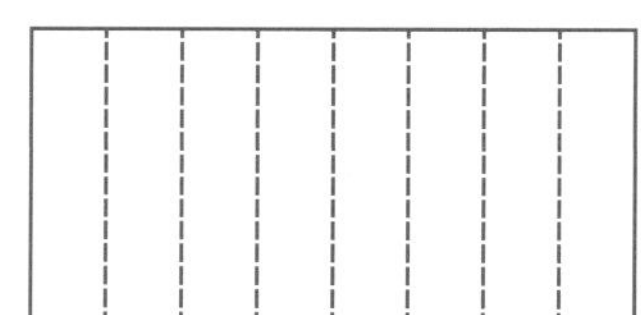

3 おはじきが 6こ あります。

（1もん10点）

① 6この $\frac{1}{2}$ は、何こですか。

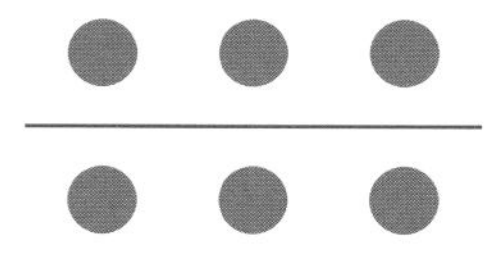

（　　　　　）

② 6この $\frac{1}{3}$ は、何こですか。

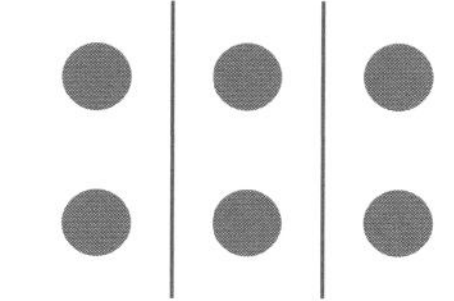

（　　　　　）

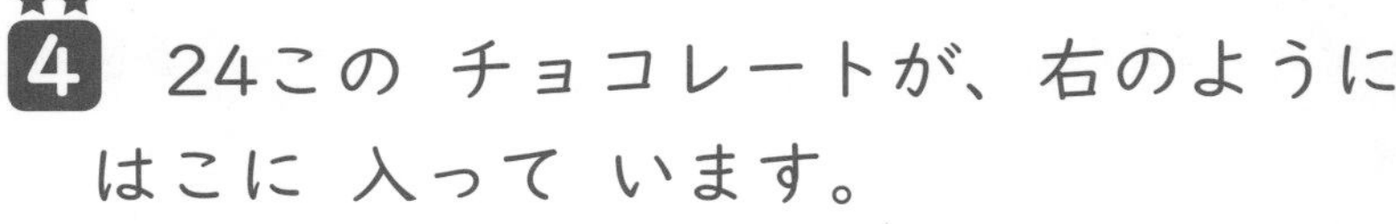

4 ★★ 24この チョコレートが、右のように はこに 入って います。

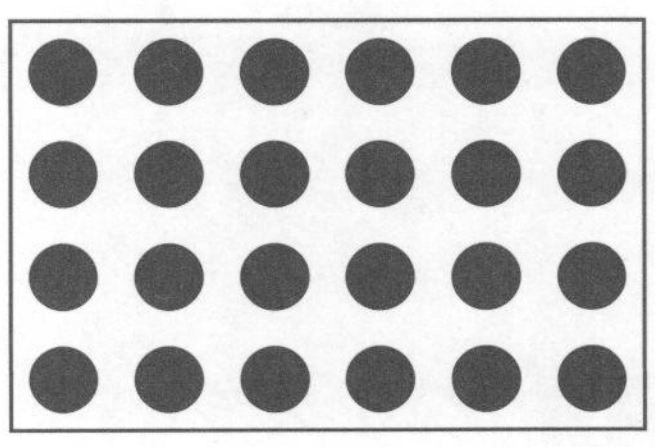

① 図を 見て、□に 数を 書きましょう。 （□1つ10点）

あ

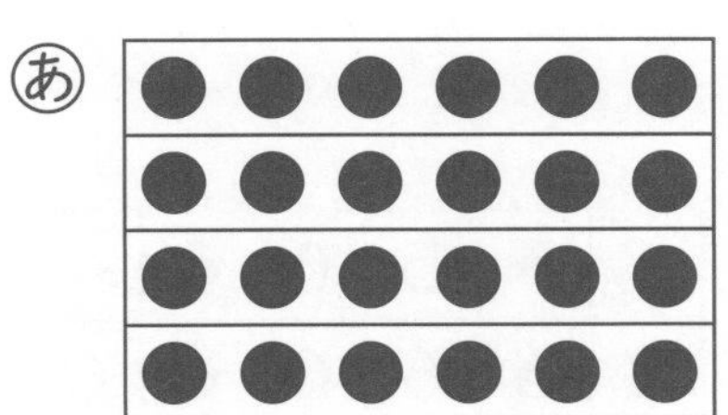

・24こは、6この □ ばいです。

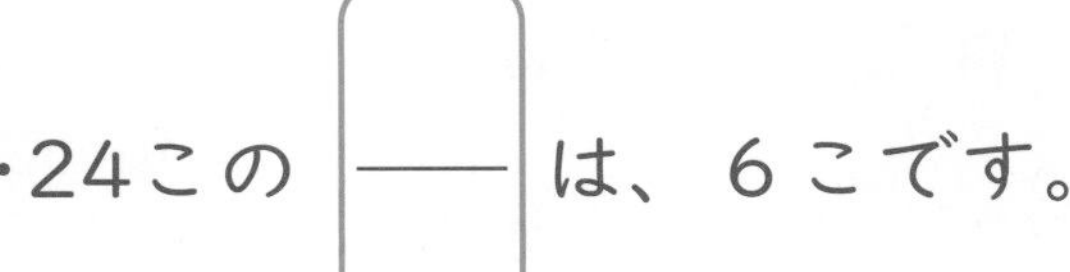

・24この $\frac{\square}{\square}$ は、6こです。

い

・24こは、3この □ ばいです。

・24この $\frac{\square}{\square}$ は、3こです。

② あやさんは、下のように 言って います。
どのように くぎって チョコレートの 数を みたのか、図に ―（線）を かきましょう。 （10点）

・24こは、12この 2ばいです。

・24この $\frac{1}{2}$ は、12こです。

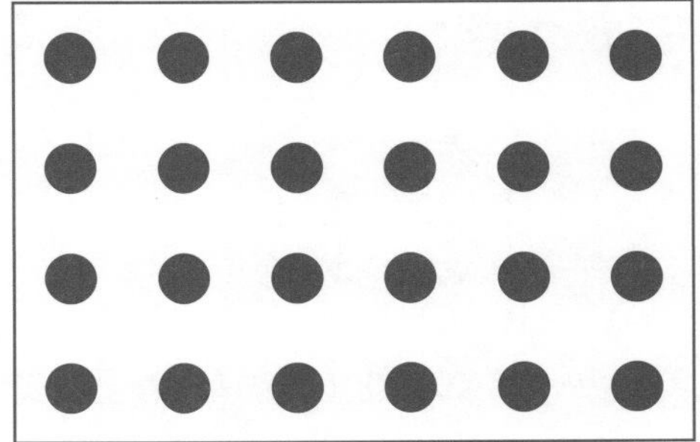

よそうとくてん… □ 点

はこの 形

月　日　名まえ

1 クイズを といて、あてはまる 数字(すうじ)の □(ます) を ぬりつぶすと、カタカナが 出て くるよ。
つなげると、どんな ことばに なるかな？

① はこの 形(かたち)には、
面(めん)が □ つ あるよ。

5	5	5	6	4	4
3	6	6	6	6	6
3	4	4	6	3	3
4	5	5	6	5	5
4	3	6	3	3	5

② はこの 形には、
へんが □ 本 あるよ。

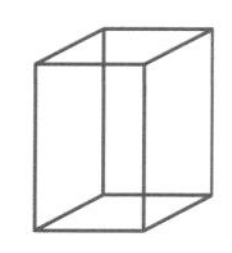

10	10	10	11	12	11
11	10	11	12	10	10
10	11	12	12	10	13
11	12	10	12	13	13
13	10	10	12	13	13

③ はこの 形には、
ちょう点(てん)が □ こ あるよ。

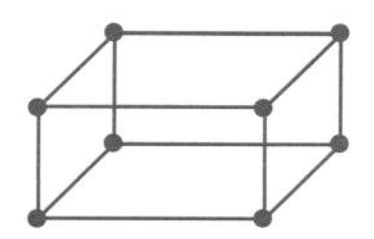

7	7	7	9	9	9
9	8	8	8	8	9
9	7	9	8	7	7
9	7	8	8	7	7
9	8	9	9	8	7

ヒント … いいね！と ほめる ことばだよ。

答(こた)え ○○○

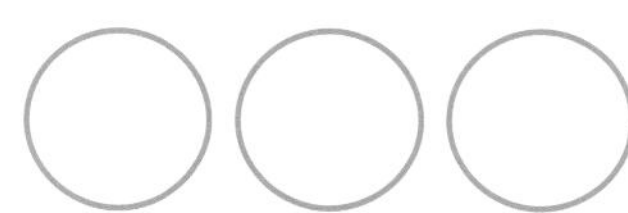

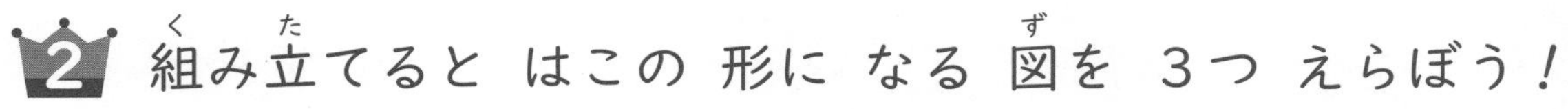

2 組み立てると はこの 形に なる 図を 3つ えらぼう！

あ

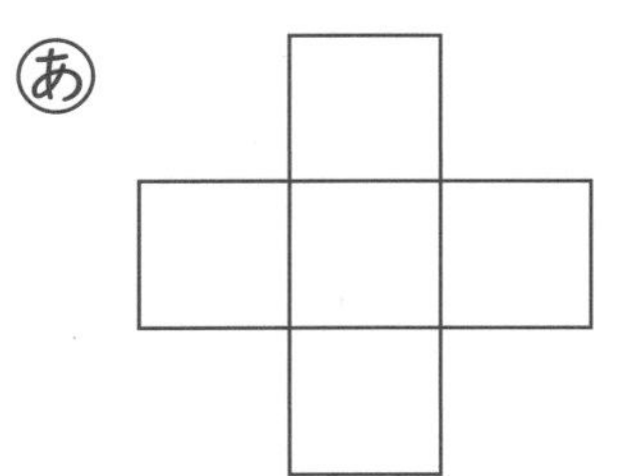

い

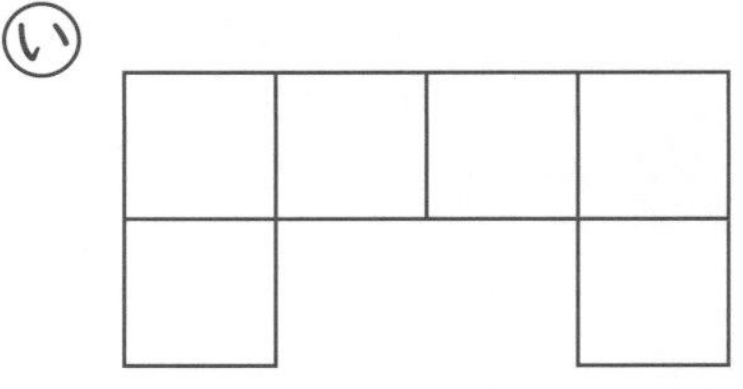

う

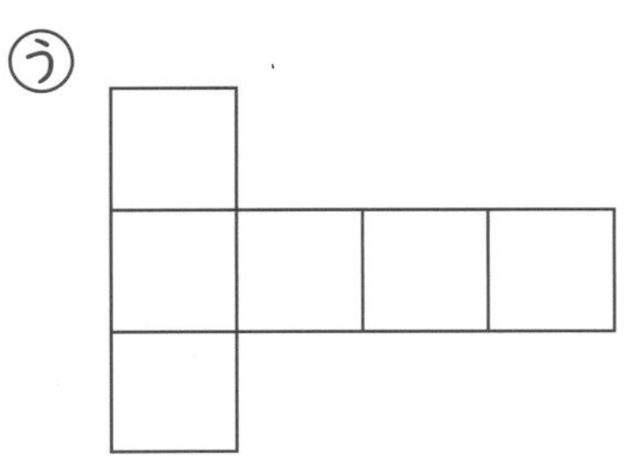

え

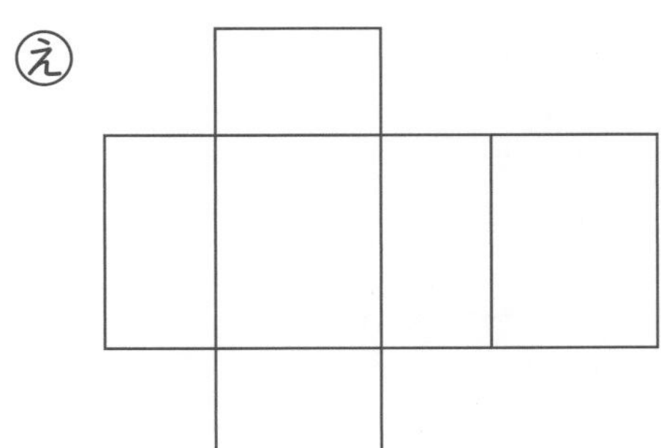

お

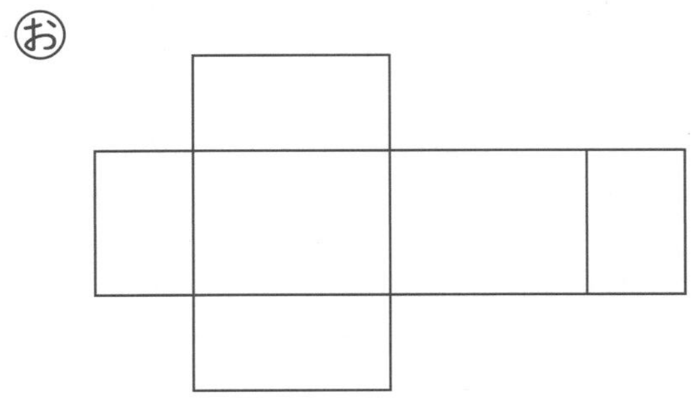

か

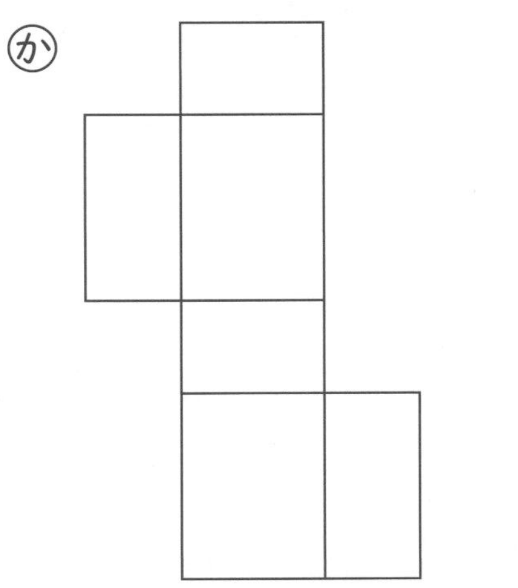

答え （　　）（　　）（　　）

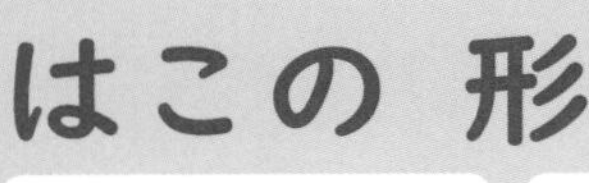

はこの 形

月　　日　名まえ

／100点

1 下の はこの 形について 答えましょう。

（（　）1つ10点）

① あ～うの 名前を 書きましょう。

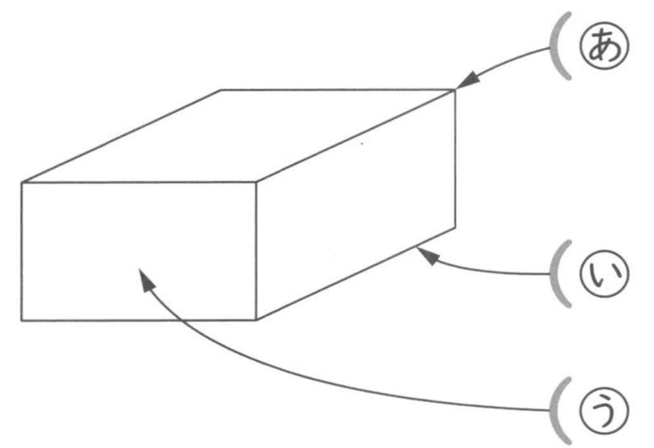

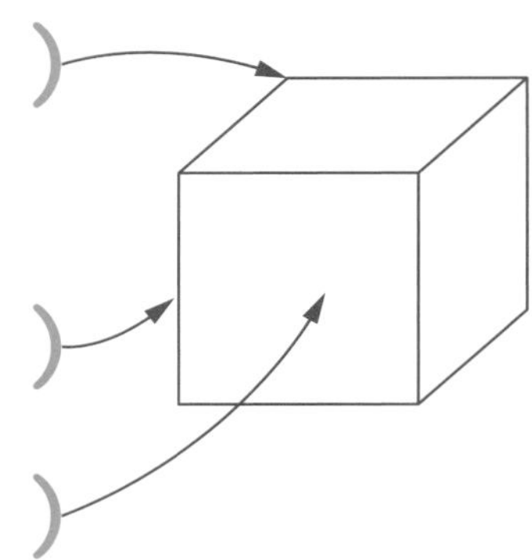

あ（　　　　）

い（　　　　）

う（　　　　）

② 1つの はこの 形には、うは いくつ ありますか。

（　　　　）

2 下の 図の あ～うの 面は、何と いう 四角形ですか。

（（　）1つ10点）

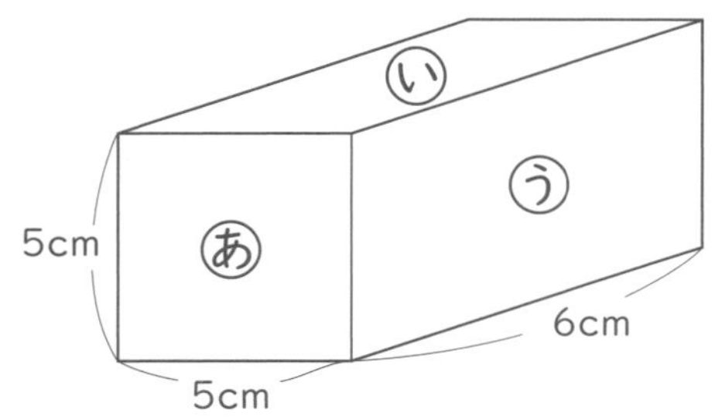

あ（　　　　）

い（　　　　）

う（　　　　）

3 ひごと ねん土玉で はこの 形を 作(つく)ります。 （（　）1つ5点）

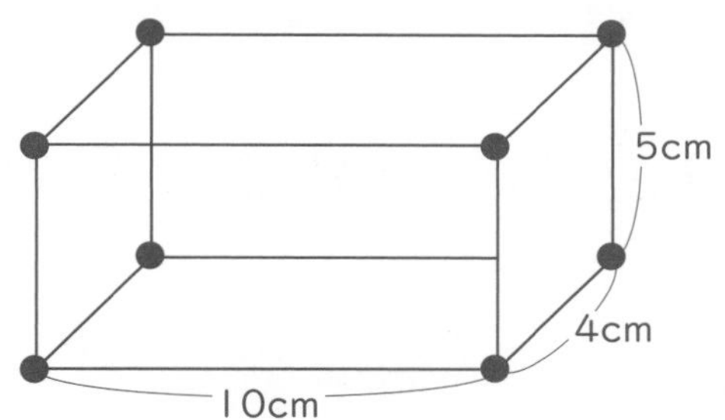

① どんな 長(なが)さの ひごを 何本ずつ よういすれば よいですか。

4cm …（　　　）本　5cm …（　　　）本

10cm …（　　　）本

② ねん土玉は 何こ よういすれば よいですか。

（　　　）こ

4 下の はこの 形には、たて 3cm、よこ 8cmの 長方形(ちょうほうけい)の 面は いくつ ありますか。○を つけましょう。 （10点）

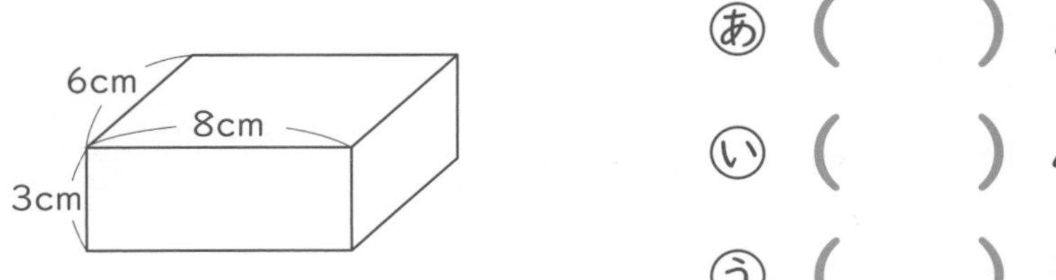

Ⓐ あ（　　）2つ

い（　　）4つ

う（　　）5つ

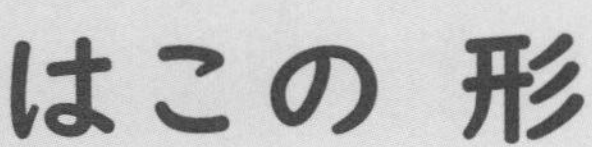

はこの 形

月　日　名まえ

／100点

★
1 ①、②と 組み立てた 形が あうように 線で むすびましょう。 （1もん10点）

①

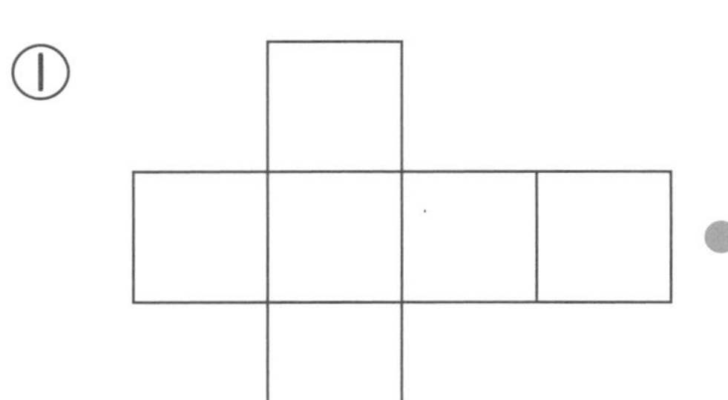

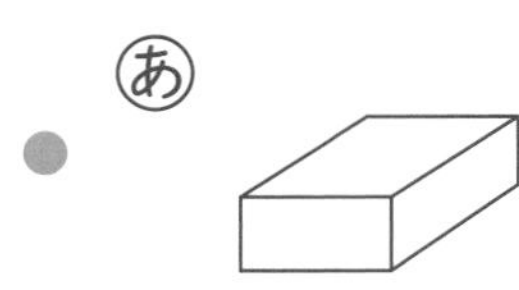

②

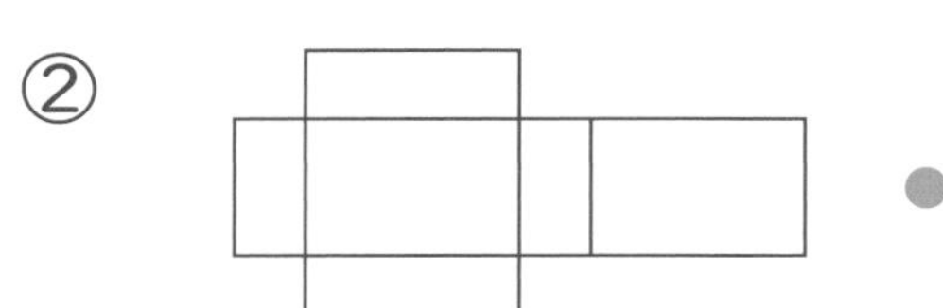

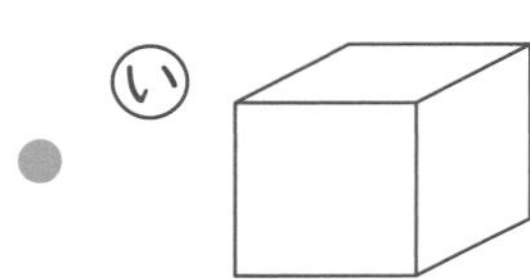

★
2 下の はこの 形について 答えましょう。 （（　）1つ10点）

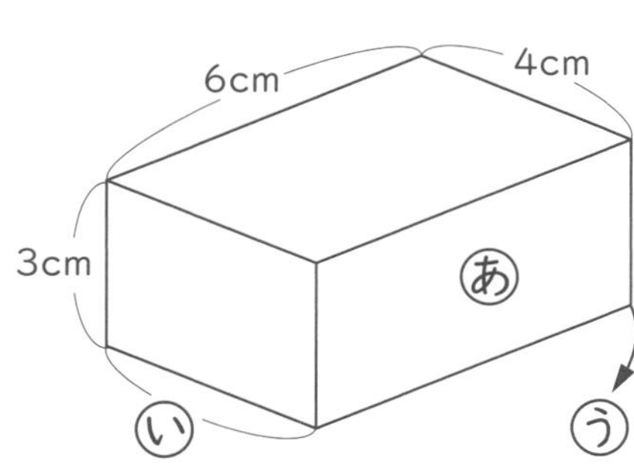

① あ、い、うの 名前を 書きましょう。

あ（　　　　　　）

い（　　　　　　）

う（　　　　　　）

② いは 何cmですか。 （　　　　cm）

★
3 ひごと ねん土玉で はこの 形を 作(つく)りました。

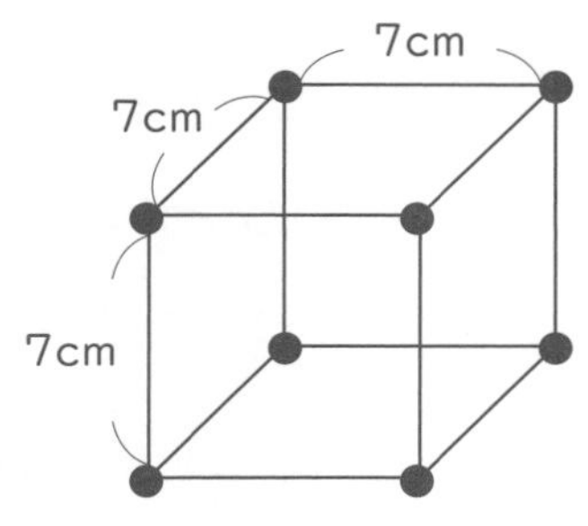

① どんな 長(なが)さの ひごが 何本ありますか。 (( ) 1つ5点)

(　　　)cmの ひごが (　　　)本

② ねん土玉は 何こ ありますか。 (10点)

(　　　　　)

★★
4 右の 図(ず)のような はこを 作ります。どの 四角形(しかくけい)が いくつ いりますか。

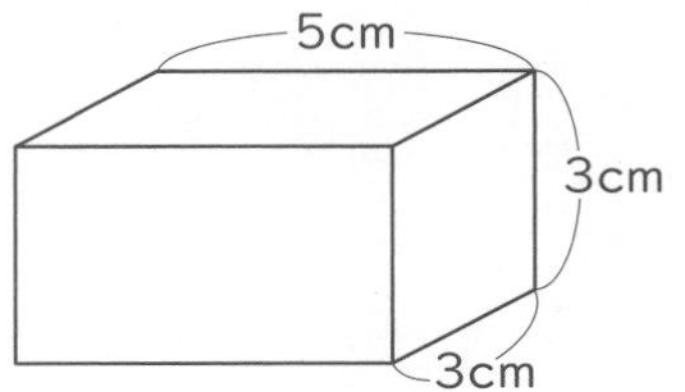

(・1つできて10点)

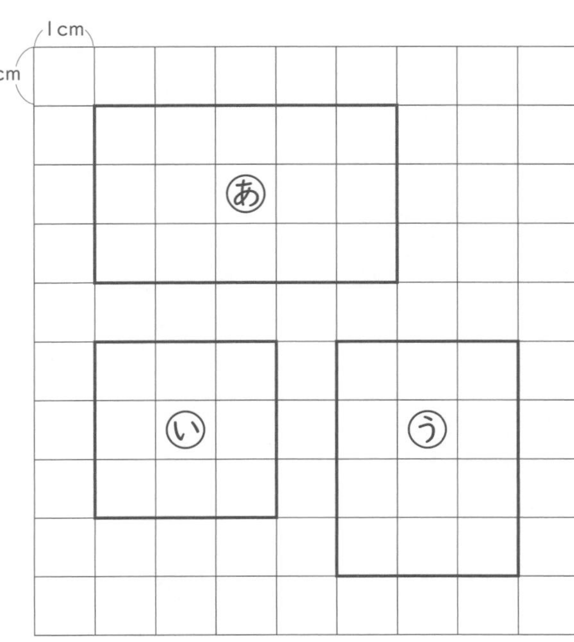

・(　　　)が(　　　)つ
・(　　　)が(　　　)つ

はこの 形

月　日　名まえ　／100点

ようい するもの…ものさし

1 （　）に あてはまる 数(かず)や ことばを 書(か)きましょう。

（（　）1つ5点(てん)）

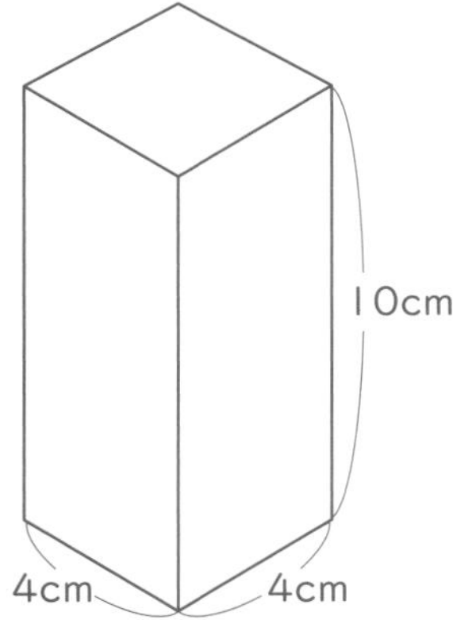

① 10cmの へんの 数は（　　　）本です。

② 4cmの へんの 数は（　　　）本です。

③ ちょう点(てん)の 数は（　　　）こです。

④ 面(めん)の 数は（　　　）つで、形(かたち)は（　　　　　）と（　　　　　）という 四角形(しかくけい)です。

2 はこを 作(つく)ります。下の 図(ず)に 面を 1つ かきたしましょう。

（20点）

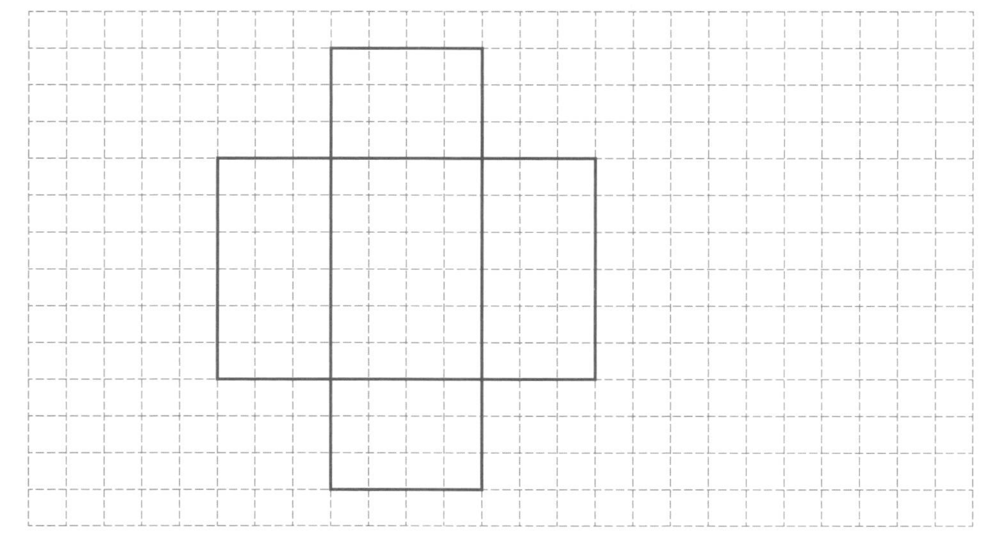

★★
3 下の 図のような はこを 作ります。
どの 四角形が いくつ いりますか。 （①②③それぞれぜんぶできて10点）

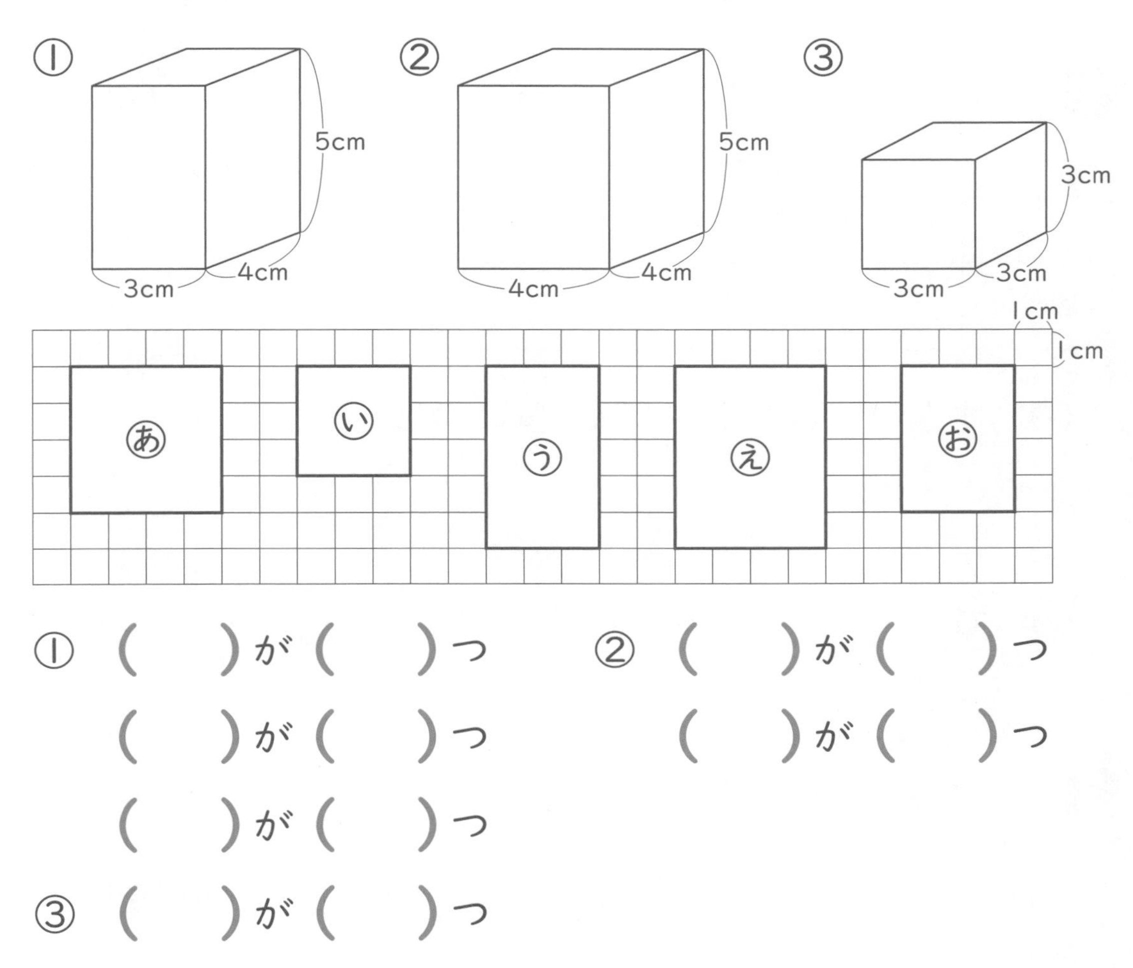

① 5cm 3cm 4cm
② 5cm 4cm 4cm
③ 3cm 3cm 3cm

1cm 1cm
あ い う え お

① （　　）が（　　）つ
（　　）が（　　）つ
（　　）が（　　）つ

② （　　）が（　　）つ
（　　）が（　　）つ

③ （　　）が（　　）つ

★★
4 はこの 形を ひらいた 図です。アと むき合う 面を 書きましょう。 （20点）

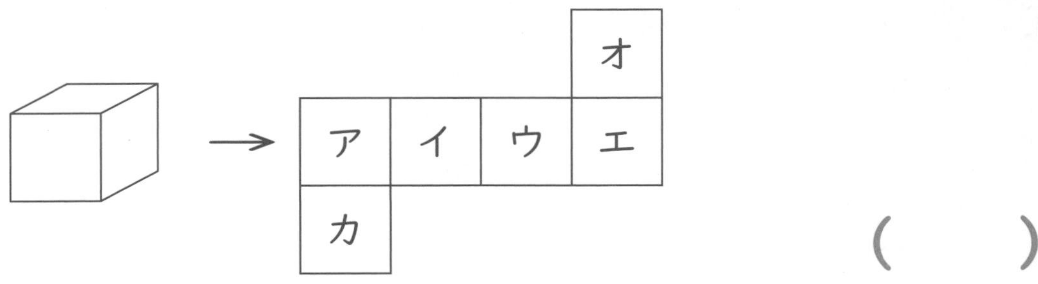

（　　）

2年生の まとめ ①

月　　日　　名まえ　　　　／100点

ようい するもの…ものさし

★ 1 2年1組で、すきな おすしを しらべて ひょうに しました。

すきな おすし しらべ

ネタ	サーモン	まぐろ	いか	えび	たい
人数（人）	7	5	2	4	3

① すきな 人が いちばん 多いのは 何ですか。（5点）

（　　　　　）

② 右の グラフに すきな 人の 数だけ ○を かきましょう。（ぜんぶできて5点）

すきな おすし しらべ

サーモン	まぐろ	いか	えび	たい

★ 2 つぎの 計算を しましょう。（1もん5点）

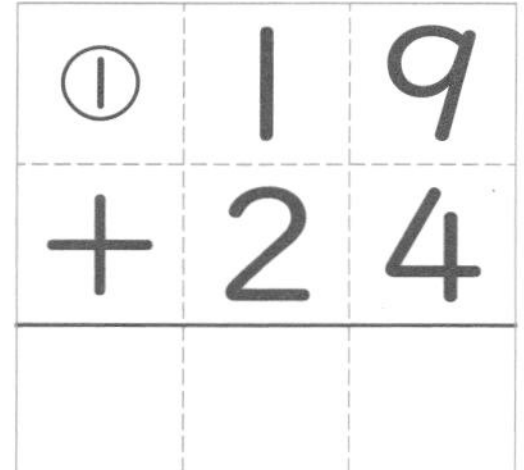

①
$$\begin{array}{r} 19 \\ +\,24 \\ \hline \end{array}$$

②
$$\begin{array}{r} 36 \\ +\,55 \\ \hline \end{array}$$

③
$$\begin{array}{r} 45 \\ -\,17 \\ \hline \end{array}$$

④
$$\begin{array}{r} 83 \\ -\,28 \\ \hline \end{array}$$

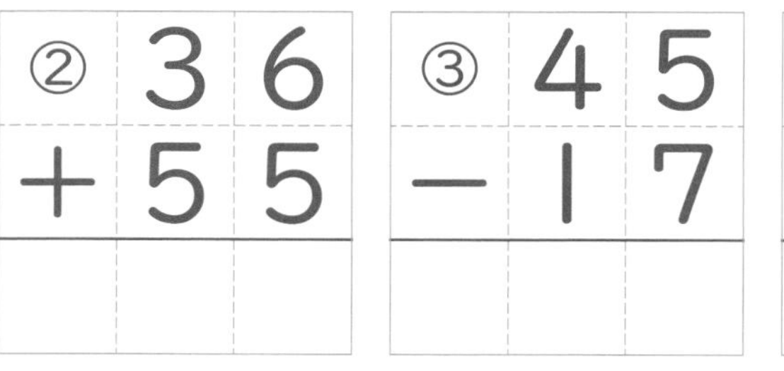

★★ 3 赤い 色紙が 48まい、青い 色紙が 63まい あります。どちらが 何まい 多いですか。（しき10点・答え10点）

しき

答え

★
4 下の 直線の 長さは 何cm何mmですか。 （5点）

（　　　　　　　）

★
5 □に あてはまる 数を 書きましょう。 （1もん5点）

① 3cm2mm＝□mm

② 68mm＝□cm□mm

③ 5L4dL＝□dL

④ 3L＝□mL

⑤ 100を 4こ、10を 7こ、1を 3こ あわせた 数は □

⑥ 320は 10を □こ あつめた 数

★
6 今の 時こくは 午前8時50分です。つぎの 時こくは 何時何分ですか。 （1もん5点）

① 1時間前 （　　　　　　　）

② 20分後 （　　　　　　　）

★★
7 午前8時30分に 家を 出て、午前8時55分に おばあさんの 家に つきました。かかった 時間は 何分ですか。 （5点）

（　　　　　　　）

よそうとくてん…□点

2年生の まとめ ②

月　日　名まえ　／100点

1 つぎの 計算で、先に 計算すると よい ところを ○で かこみ、(　) に 答えを 書きましょう。（○5点・答え5点）

① 17＋8＋2　　（　　　）

② 28＋34＋6　　（　　　）

2 つぎの 計算を しましょう。（1もん5点）

①	6	5
＋	3	8

②	1	0	7
−			9

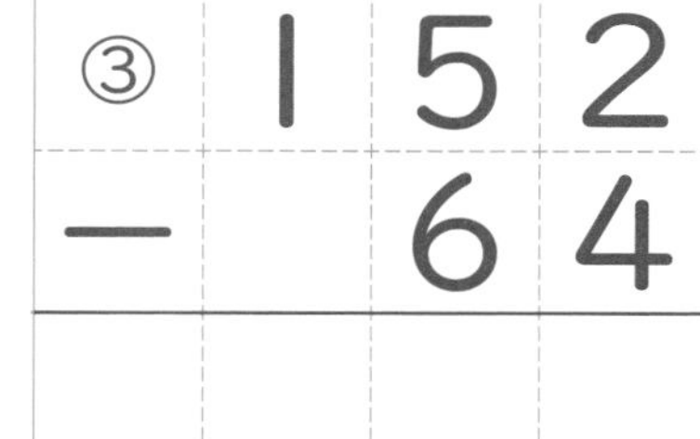

③	1	5	2
−		6	4

3 つぎの 四角形や 三角形の 名前を 書きましょう。（1もん5点）

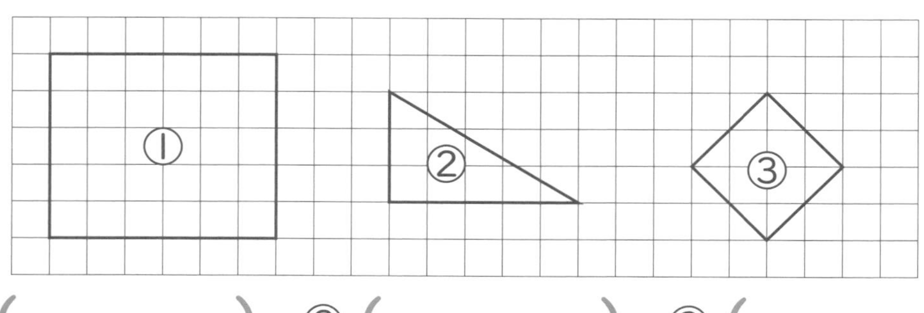

①（　　　）　②（　　　）　③（　　　）

★

4 つぎの 計算を しましょう。 （1もん5点）

① 3×8　② 6×9

③ 9×8　④ 5×5

⑤ 4×2　⑥ 7×9

★★

5 ひまわりの たねを 113こ もって います。

妹(いもうと)に 24こ あげました。

たねは 何(なん)こ のこって いますか。

（しき5点・答え5点）

しき

答え

★★

6 6人に 7こずつ あめを くばります。

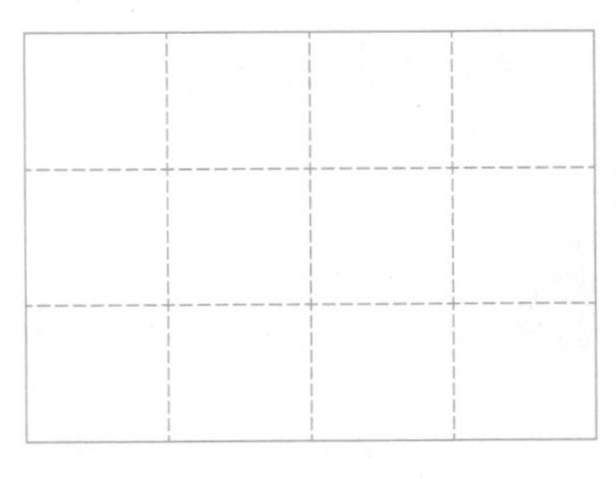

あめは 何こ ひつようですか。 （しき5点・答え5点）

しき

答え

よそうとくてん…　点

2年生の まとめ ③

月　日　名まえ　／100点

1 （　）に あてはまる 数を 書きましょう。（1もん5点）

① 1000を 5こ、10を 3こ、1を 8こ あわせた 数は（　　　）です。

② 7800は 100を（　　）こ あつめた 数です。

③ 10000より 1 小さい 数は（　　　）です。

④ 2m5cm＝（　　　）cm

2 □に あてはまる 長さの たんいを 書きましょう。（1もん5点）

① ノートの あつさ　4 □

② 校しゃの 高さ　11 □

③ えんぴつの 長さ　16 □

3 もとの 大きさの 何分の一ですか。（1もん5点）

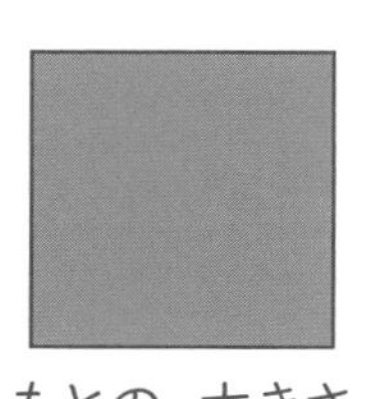

もとの 大きさ

①
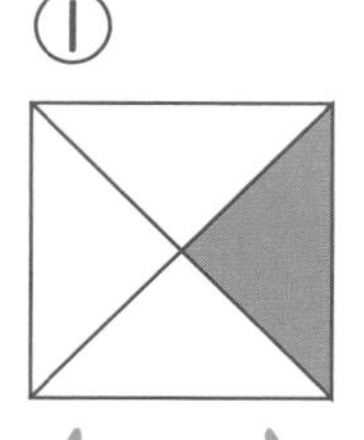
（―）

②
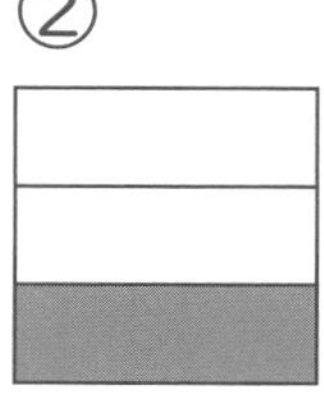
（―）

③
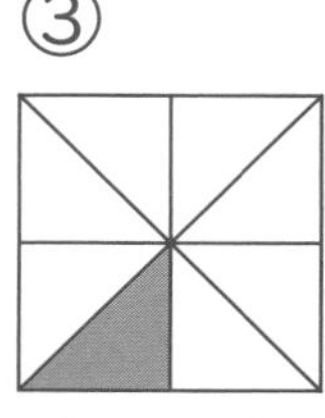
（―）

④
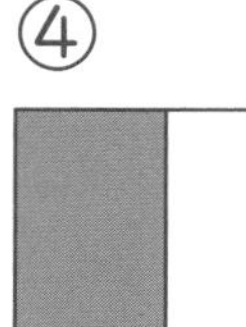
（―）

4 つぎの はこの 形(かたち)について 答(こた)えましょう。

① へん、ちょう点、面(めん)は それぞれ いくつ ありますか。 （（ ）1つ5点）

へん（　　）本　ちょう点（　　）こ

面（　　）つ

② 組(く)み立(た)てると 上の はこの 形に なる ものは どちらですか。 （10点）

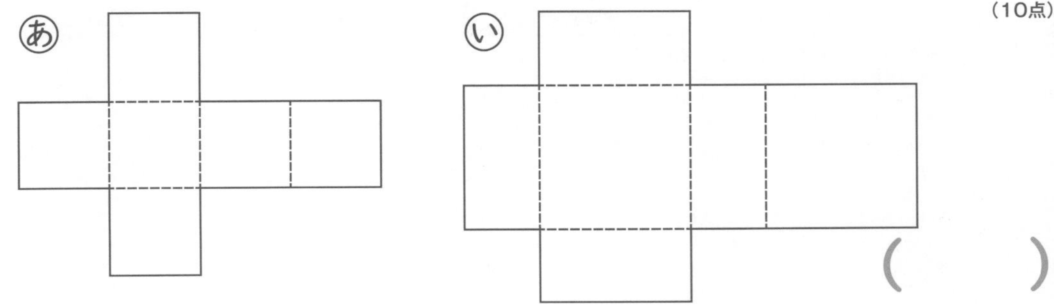

（　　）

5 けしゴムと えんぴつが 売(う)られて います。けしゴムは えんぴつより 20円 高(たか)いそうです。けしゴムは 80円です。

えんぴつは 何円ですか。 （しき5点・答え5点）

しき

答え

6 色紙(いろがみ)が 何まいか ありました。28まい つかったので 18まいに なりました。色紙は 何まい ありましたか。

（しき5点・答え5点）

しき

答え

学力の基礎をきたえどの子も伸ばす研究会

HPアドレス　http://gakuryoku.info/
常任委員長　岸本ひとみ
事務局　〒675-0032 加古川市加古川町備後178-1-2-102 岸本ひとみ方　☎·Fax 0794-26-5133

① めざすもの

私たちは、すべての子どもたちが、日本国憲法と子どもの権利条約の精神に基づき、確かな学力の形成を通して豊かな人格の発達が保障され、民主平和の日本の主権者として成長することを願っています。しかし、発達の基盤ともいうべき学力の基礎を鍛えられないまま落ちこぼれている子どもたちが普遍化し、「荒れ」の情況があちこちで出てきています。

私たちは、「見える学力、見えない学力」を共に養うこと、すなわち、基礎の学習をやり遂げさせることと、読書やいろいろな体験を積むことを通して、子どもたちが「自信と誇りとやる気」を持てるようになると考えています。

私たちは、人格の発達が歪められている情況の中で、それを克服し、子どもたちが豊かに成長するような実践に挑戦します。

そのために、つぎのような研究と活動を進めていきます。

① 「読み・書き・計算」を基軸とした学力の基礎をきたえる実践の創造と普及。
② 豊かで確かな学力づくりと子どもを励ます指導と評価の探究。
③ 特別な力量や経験がなくても、その気になれば「いつでも・どこでも・だれでも」ができる実践の普及。
④ 子どもの発達を軸とした父母・国民・他の民間教育団体との協力、共同。

私たちの実践が、大多数の教職員や父母・国民の方々に支持され、大きな教育運動になるよう地道な努力を継続していきます。

② 会　　員

・本会の「めざすもの」を認め、会費を納入する人は、会員になることができる。
・会費は、年4000円とし、7月末までに納入すること。①または②

①郵便振替　口座番号　00920-9-319769
名　　称　学力の基礎をきたえどの子も伸ばす研究会

②ゆうちょ銀行
店番099　店名〇九九(ゼロキュウキュウ)店　当座0319769

・特典　研究会をする場合、講師派遣の補助を受けることができる。
大会参加費の割引を受けることができる。
学力研ニュース、研究会などの案内を無料で送付してもらうことができる。
自分の実践を学力研ニュースなどに発表することができる。
研究の部会を作り、会場費などの補助を受けることができる。
地域サークルを作り、会場費の補助を受けることができる。

③ 活　　動

全国家庭塾連絡会と協力して以下の活動を行う。

・全国大会　全国の研究、実践の交流、深化をはかる場とし、年1回開催する。通常、夏に行う。
・地域別集会　地域の研究、実践の交流、深化をはかる場とし、年1回開催する。
・合宿研究会　研究、実践をさらに深化するために行う。
・地域サークル　日常の研究、実践の交流、深化の場であり、本会の基本活動である。可能な限り月1回の月例会を行う。
・全国キャラバン　地域の要請に基づいて講師派遣をする。

全国家庭塾連絡会

① めざすもの

私たちは、日本国憲法と教育基本法の精神に基づき、すべての子どもたちが確かな学力と豊かな人格を身につけて、わが国の主権者として成長することを願っています。しかし、わが子も含めて、能力があるにもかかわらず、必要な学力が身につかないままになっている子どもたちがたくさんいることに心を痛めています。

私たちは学力研が追究している教育活動に学びながら、「全国家庭塾連絡会」を結成しました。

この会は、わが子に家庭学習の習慣化を促すことを主な活動内容とする家庭塾運動の交流と普及を目的としています。

私たちの試みが、多くの父母や教職員、市民の方々に支持され、地域に根ざした大きな運動になるよう学力研と連携しながら努力を継続していきます。

② 会　　員

本会の「めざすもの」を認め、会費を納入する人は会員になれる。
会費は年額1500円とし（団体加入は年額3000円）、8月末までに納入する。
会員は会報や連絡交流会の案内、学力研集会の情報などをもらえる。

事務局　〒564-0041 大阪府吹田市泉町4-29-13 影浦邦子方　☎·Fax 06-6380-0420
郵便振替　口座番号　00900-1-109969　　名称　全国家庭塾連絡会

テスト式！点数アップドリル 算数 小学2年生

2024年7月10日　第1刷発行
●著者／李　詩愛
●編集／金井　敬之
●発行者／面屋　洋
●発行所／清風堂書店
〒530-0057　大阪市北区曽根崎 2-11-16
TEL ／ 06-6316-1460
●印刷／尼崎印刷株式会社
●製本／株式会社高廣製本
●デザイン／美濃企画株式会社
●制作担当編集／青木　圭子
●企画／フォーラム・A
●HP ／ http://www.seifudo.co.jp/
※乱丁・落丁本は、お取り替えいたします。
＊本書は、2022年1月にフォーラム・Aから刊行したものを改訂しました。

テスト式！

点数アップドリル 算数

2年生

答え

ピィすけの
アドバイスつき！

p. 6-7 チェック&ゲーム

ひょうと グラフ

③

2

〈グラフ〉

			○
○			○
○			○
○	○		○
○	○	○	○
だ	か	た	や

〈ひょう〉

カード	だ	か	た	や
数	4	2	1	5

あんごう … できたよ

p. 8-9 ひょうと グラフ (やさしい)

1

① 3こ

② ゆうなさん

③ 3こ

④ 16こ

2

くだものの 数――①

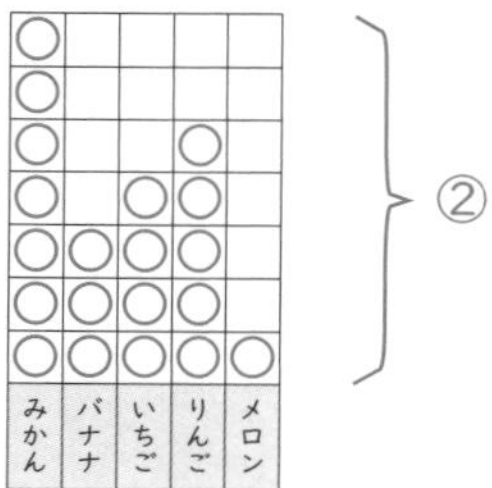

③ 2こ

④ 3こ

⑤ 20こ

p. 10-11 ひょうと グラフ (ちょいムズ)

1

①

なりたい かかりの 人数

かかり	こくばん	くばり	ほけん	としょ	しいく
人数(人)	5	6	2	3	4

②

なりたい かかりの 人数

	○			
○	○			
○	○			○
○	○		○	○
○	○	○	○	○
○	○	○	○	○
こくばん	くばり	ほけん	としょ	しいく

③ 多い くばり

少ない ほけん

④ 2人

2

㋐ カレーライス

㋑ からあげ

㋒ 6

㋓ やきそば

㋔ 少ない

p. 12-13 **チェック＆ゲーム**

たし算と ひき算の ひっ算（1）

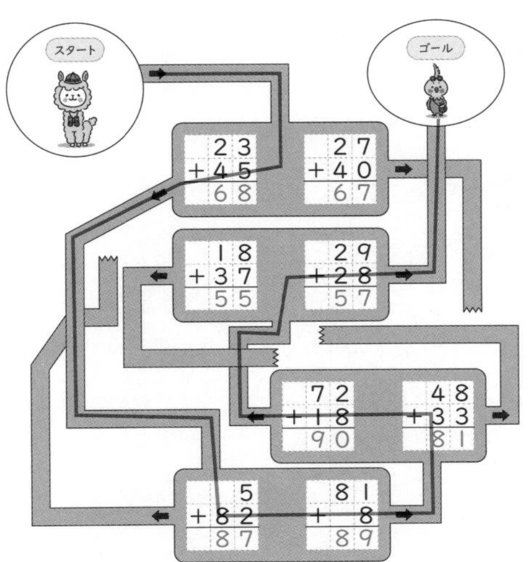

出て きた ことば … かごのなか

※計算の 答え

① 40－30＝10

② 98－41＝57

③ 49－22＝27

④ 60－40＝20

⑤ 95－85＝10

答え … かごの 中

p. 14-15 **たし算の ひっ算（1）**

（やさしい）

1

① 52＋16＝68

② 32＋40＝72

③ 24＋5＝29

④ 40＋13＝53

⑤ 7＋52＝59

⑥ 35＋12＝47

⑦ 36＋29＝65

⑧ 23＋68＝91

⑨ 47＋25＝72

⑩ 4＋87＝91

⑪ 52＋8＝60

2

① 27＋31　27＋31＝58

② 50＋28　50＋28＝78

③ 6＋83　6＋83＝89

④ 73＋19　73＋19＝92

⑤ 34＋48　34＋48＝82

3 しき 23＋38＝61　答え 61ページ

p. 16-17　たし算の ひっ算（1）

✿✿✿（まあまあ）

1

① $\begin{array}{r} 52 \\ +13 \\ \hline 65 \end{array}$　② $\begin{array}{r} 46 \\ +12 \\ \hline 58 \end{array}$　③ $\begin{array}{r} 84 \\ +\ \ 5 \\ \hline 89 \end{array}$

2

① 18＋76 $\begin{array}{r} 18 \\ +76 \\ \hline 94 \end{array}$　② 68＋17 $\begin{array}{r} 68 \\ +17 \\ \hline 85 \end{array}$　③ 36＋14 $\begin{array}{r} 36 \\ +14 \\ \hline 50 \end{array}$

④ 74＋18 $\begin{array}{r} 74 \\ +18 \\ \hline 92 \end{array}$　⑤ 29＋7 $\begin{array}{r} 29 \\ +\ \ 7 \\ \hline 36 \end{array}$　⑥ 8＋56 $\begin{array}{r} 8 \\ +56 \\ \hline 64 \end{array}$

3　① 90　② 61　③ ○

4　しき　28＋27＝55　　答え　55人

5　しき　35＋48＝83　　答え　83円

p. 18-19　たし算の ひっ算（1）

✿✿✿（ちょいムズ）

1

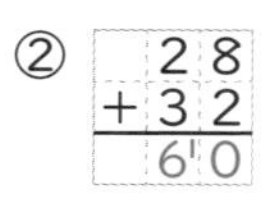

① $\begin{array}{r} 46 \\ +23 \\ \hline 69 \end{array}$　② $\begin{array}{r} 28 \\ +32 \\ \hline 60 \end{array}$　③ $\begin{array}{r} 69 \\ +17 \\ \hline 86 \end{array}$

2

① 9＋43 $\begin{array}{r} 9 \\ +43 \\ \hline 52 \end{array}$　② 24＋6 $\begin{array}{r} 24 \\ +\ \ 6 \\ \hline 30 \end{array}$　③ 18＋63 $\begin{array}{r} 18 \\ +63 \\ \hline 81 \end{array}$

④ 41＋19 $\begin{array}{r} 41 \\ +19 \\ \hline 60 \end{array}$　⑤ 15＋57 $\begin{array}{r} 15 \\ +57 \\ \hline 72 \end{array}$

3　ⓘ、ⓤ、ⓞ（い、う、お）

※じゅんばんが ちがって いても
正かいです。

※計算の 答え

あ 78　い 88　う 86

え 79　お 81　か 71

4　① 83　② ○　③ 57

5　① しき　36＋7＝43

答え　43ページ

② しき　36＋43＝79

答え　79ページ

p. 20-21 ひき算の ひっ算（1）

（やさしい）

1

① 35 − 12 = 23　② 76 − 33 = 43　③ 84 − 34 = 50

④ 65 − 40 = 25　⑤ 68 − 64 = 4　⑥ 59 − 3 = 56

⑦ 60 − 24 = 36　⑧ 33 − 26 = 7　⑨ 55 − 9 = 46

⑩ 25 − 7 = 18　⑪ 87 − 49 = 38

2

① 84−80 = 4　② 95−35 = 60　③ 58−51 = 7

④ 80−6 = 74　⑤ 96−57 = 39

3 しき　48−13=35　答え　35まい

p. 22-23 ひき算の ひっ算（1）

（まあまあ）

1

① 49 − 23 = 26　② 74 − 20 = 54　③ 86 − 46 = 40

2

① 61−14 = 47　② 47−28 = 19　③ 80−58 = 22

④ 53−7 = 46　⑤ 52−29 = 23　⑥ 98−89 = 9

3 ① 14　② 28　③ ○

4 しき　75−46=29　答え　29円

5 しき　48−25=23　答え　23だん

p. 24-25 ひき算の ひっ算（1）

（ちょいムズ）

1

① 96 − 42 = 54　② 40 − 18 = 22　③ 72 − 34 = 38

2

① 45−38 = 7　② 26−8 = 18　③ 90−5 = 85

④ 64−47 = 17　⑤ 70−26 = 44　⑥ 34−29 = 5

3

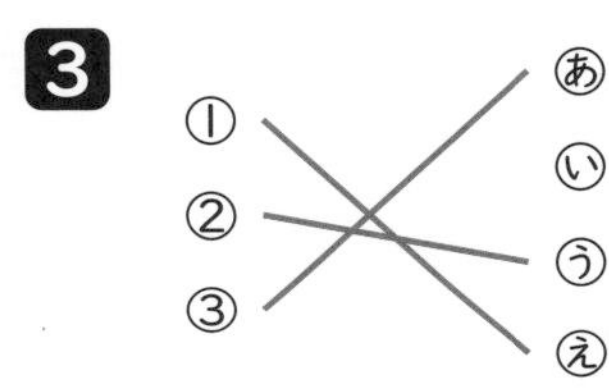

4 しき　36−18=18　答え　18人

5

ジュース　○
チョコレート　○
あめ　×
キャラメル　×

ピィすけ★アドバイス

3は、計算の 答えと「ひく数」を たして たしかめを するよ。
「ひく数」は、41−15なら 15の ことだよ。
5は、まず 90−36を するよ。
答えは 54だから、54より 数が 小さい ものは ○、大きい ものは ×だね。

p. 26-27 **チェック＆ゲーム**

長さ（１）

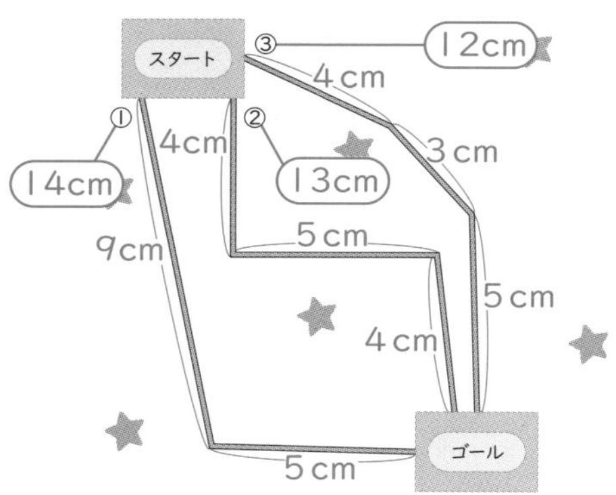

はやく 行けるのは … ③

※長さは はかる ところに よって
　１～２mm ずれる ことも あります。

2

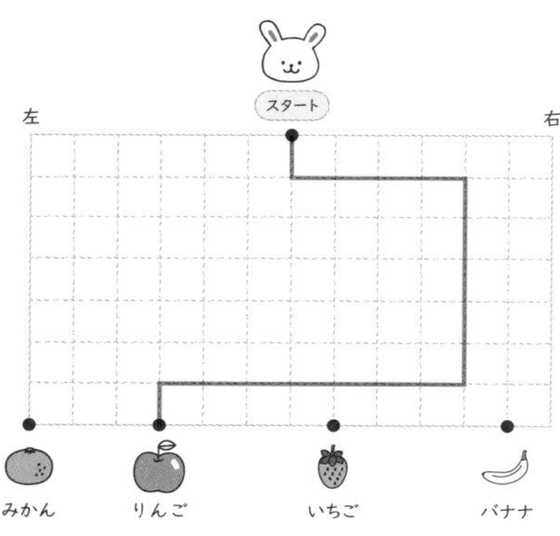

おやつは … りんご

p. 28-29 **長さ（１）**（やさしい）

1 ㋒

2
① ２cm
② ５cm５mm
③ ９cm８mm
④ １３cm

3
①
②

4 ７cm５mm

5
① １０mm
② ３cm
③ ２７mm
④ ４cm３mm

6
① ５cm＋３cm＝８cm
② ６cm＋７cm＝１３cm
③ １０cm－６cm＝４cm
④ １５cm８mm－５cm
　＝１０cm８mm

p. 30-31　長さ（1）（まあまあ）

1
① mm
② cm

2
① 5mm
② 4cm（40mm）
③ 7cm7mm（77mm）
④ 12cm1mm（121mm）

3
① 6cm（60mm）
② 7cm5mm（75mm）

4
① 70mm
② 8cm
③ 5cm7mm
④ 34mm

5
① 4cm＋5cm＝9cm
② 8cm＋3cm＝11cm
③ 10cm－4cm＝6cm
④ 6cm7mm－4cm2mm
＝2cm5mm

6
しき　7cm8mm－5cm4mm
＝2cm4mm
答え　2cm4mm

p. 32-33　長さ（1）（ちょいムズ）

1
① mm
② mm

2
6cm5mm（65mm）

3
① 3cm
② 8cm5mm
③ 3cm5mm

4
①
②

5
① 10
② 7

6
あ → う → い

7
① 12cm5mm＋4cm
＝16cm5mm
② 8cm7mm＋2mm
＝8cm9mm
③ 13cm6mm－2cm
＝11cm6mm
④ 9cm8mm－1cm5mm
＝8cm3mm

8
① しき　8cm＋11cm3mm
＝19cm3mm
答え　19cm3mm
② しき　11cm3mm－8cm
＝3cm3mm
答え　3cm3mm

ピィすけ★アドバイス
4は、48mm＝4cm8mmだよ。

p. 34-35 **チェック＆ゲーム**

100より 大きい 数

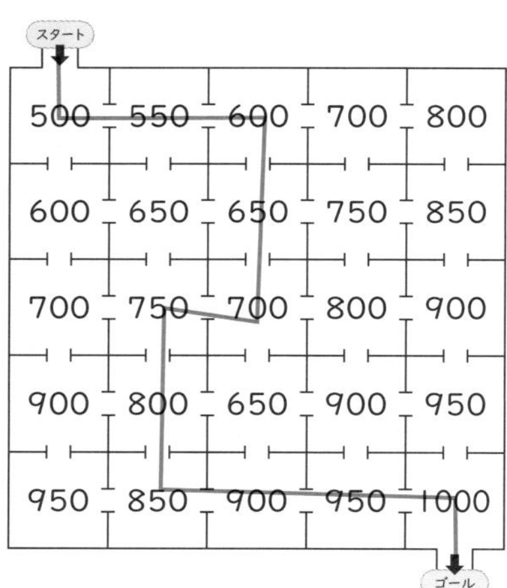

① 7
② 1
③ 4
④ 6
⑤ 5

ひらがなに して 読むと … ありがとう

p. 36-37 **100より 大きい 数**

✿✿✿（やさしい）

1
① 233
② 140

2 300＋8＝308

3
① 176
② 285
③ 999

4
① 970
② 1000

5
① 91 < 103
② 487 < 502

6
① 40＋40＝80
② 80－60＝20
③ 30＋80＝110
④ 150－90＝60

7 しき 30＋90＝120 答え 120円

p. 38-39　100より 大きい 数

（まあまあ）

1
① 323
② 702

2
① 357
② 629
③ 1000
④ 100こ

3
① 500
② 700
③ 900

4
① 432 ＞ 324
② 638 ＞ 629

5
① 50＋60＝110
② 90＋40＝130
③ 120－80＝40
④ 1000－400＝600
⑤ 700－300＝400

6 しき　130－60＝70　　答え　70円

7 しき　80＋50＝130

答え　130まい

p. 40-41　100より 大きい 数

（ちょいムズ）

1
① 853
② 607
③ 480
④ 599
⑤ 72こ

2
① 575
② 620
③ 665

3
① 20＋90 ＜ 112
② 719 ＞ 770－70

4
① 400、500
② 100、200

※じゅんばんが ちがって いても 正かいです。

5
① 90＋90＝180
② 100＋800＝900
③ 120－50＝70
④ 1000－600＝400

6 しき　110－20＝90　　答え　90まい

7 しき　200＋600＝800

答え　800円

ピィすけ★アドバイス

2は、小さな 1めもりが 5だよ。
4の ①は、700－□の 答えが 400より 小さく なる 数だね。100、200を 入れると 400より 大きく なり、300を 入れると 400と 同じに なって しまうから、答えは 400と 500だね。

p. 42-43 **チェック&ゲーム**

水の かさ

（じゅんに）2、2

※1、6も 正かいです。

〈答えの れい〉

・4dLます2はい、1dLます2はい

・4dLます1ぱい、3dLます2はい

・4dLます1ぱい、1dLます6ぱい

・4dLます1ぱい、3dLます1ぱい、
1dLます3ばい

・3dLます3ばい、1dLます1ぱい

・3dLます2はい、1dLます4はい

・3dLます1ぱい、1dLます7はい

・1dLます10ぱい

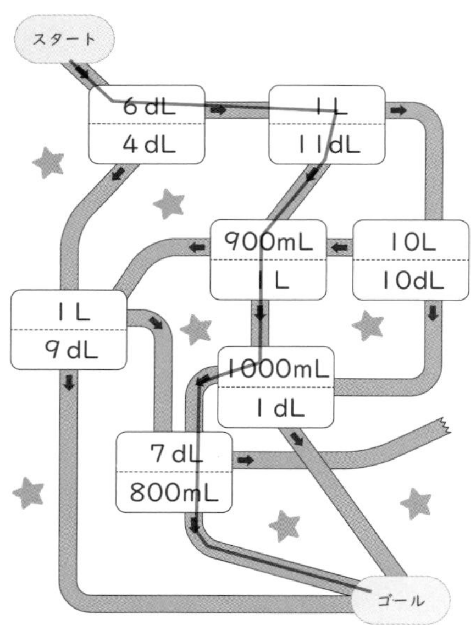

p. 44-45 **水の かさ** （やさしい）

1

① 3L

② 1L2dL

2

① 10

② 4

③ 1000

3

①

4L3dL
＋2L2dL
6L5dL

②

5L3dL
－3L1dL
2L2dL

③ 4L5dL－3L＝1L5dL

4

① あ　② い

③ あ

5

① mL

② L

③ mL

6

しき　3L＋1L2dL＝4L2dL

答え　4L2dL

ピィすけ★アドバイス

4は、どちらかの たんいに
あわせて くらべよう！

p. 46-47　水の かさ ✿✿✿（まあまあ）

1
① 2L5dL
② 1L4dL

2
① mL
② L

3
①

4L6dL
＋3L3dL
7L9dL

②

6L7dL
－3L4dL
3L3dL

③ 2L7dL－6dL＝2L1dL
④ 3L＋5L4dL＝8L4dL

4
① ㋐　② ㋑
③ ㋐　④ ㋐

5
① しき　1L＋1L2dL＝2L2dL
答え　2L2dL
② しき　1L2dL－1L＝2dL
答え　2dL

ピィすけ★アドバイス
4は、どちらかの たんいに
あわせて くらべよう！

p. 48-49　水の かさ ✿✿✿（ちょいムズ）

1
① 1L8dL
18dL
② 1L2dL
12dL

2
㋑ → ㋒ → ㋐
※㋐ 1L3dL
㋑ 1L5dL
㋒ 1L4dL

3
① 10
② 100
③ 1000

4
① L
② mL
③ dL

5
① 2L4dL＋5L＝7L4dL
② 3L7dL＋3dL＝3L10dL
＝4L
③ 5L9dL－4dL＝5L5dL
④ 1L－6dL＝10dL－6dL
＝4dL

6
① しき　1L6dL＋2dL＝1L8dL
答え　1L8dL
② しき　1L6dL－2dL＝1L4dL
答え　1L4dL

ピィすけ★アドバイス
5の ④は、1Lを 10dLに
なおして 計算しよう！

p. 50-51 **チェック＆ゲーム**

時こくと 時間

㊞ 60

㊤ 12

㊩ 2

㊀ 1

㊅ 24

ⓙ 60
ⓝ 12

出て きた ことば … いまなんじ？

左の 答え …〈れい〉（午後） 2時20分

※もんだいを といた ときの 時こくが
書けて いれば 正かいです。

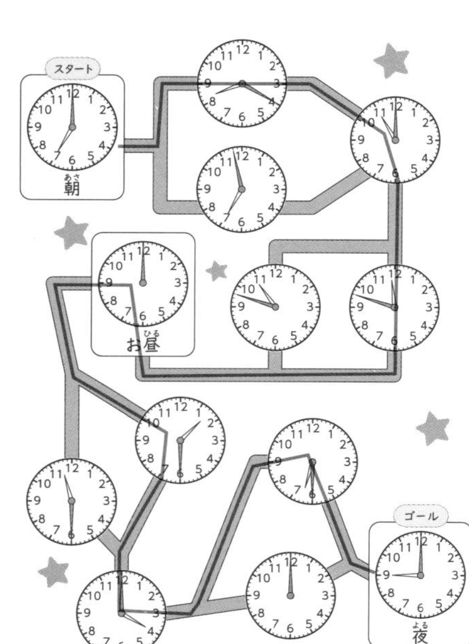

p. 52-53 **時こくと 時間**（やさしい）

1

① 60

② 24

2

① 午前８時

② 午後１時50分

③ 午後９時17分

3

15分（間）

4

① 午後４時30分（午後４時半）

② 午後３時

5

① 午後３時

② ４時間

p. 54-55 **時こくと 時間**（まあまあ）

1

① 80

② 24

③（じゅんに） 1、30

④（じゅんに） 12、12

2

① 午前７時15分

② 午後９時32分

3

① 午後３時30分（午後３時半）

② 午後２時10分

4

① ２時間

② ８時間25分

5

ⓐ 時こく

ⓘ 8

ⓤ 時間

ⓔ 20

ピィすけ★アドバイス

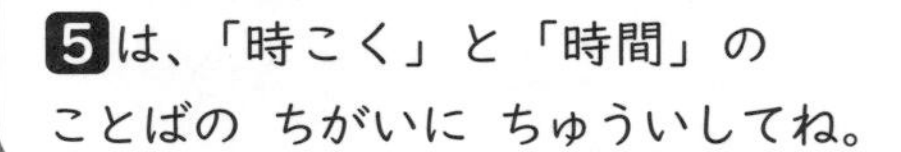

5は、「時こく」と「時間」の
ことばの　ちがいに　ちゅういしてね。

p. 56-57　**時こくと 時間**（ちょいムズ）

1
① 100
②（じゅんに） 1、10

2
① 午前６時48分
② 午後11時27分

3
① 2時間15分
② 14時間30分

4
① 午前９時40分
② 午前８時18分

5
① 40分（間）
② 1時間前　午前10時35分
　 20分後　　午前11時55分
③ ４時間40分

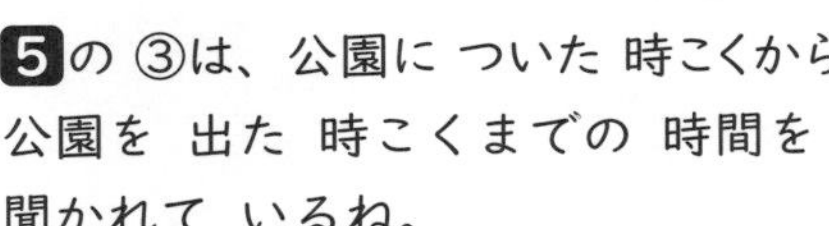

ピィすけ★アドバイス

5の ③は、公園に ついた 時こくから
公園を 出た 時こくまでの 時間を
聞かれて いるね。
午前９時から 午後１時40分まで
だから、４時間40分だよ。

p. 58-59　**チェック＆ゲーム**

計算の くふう

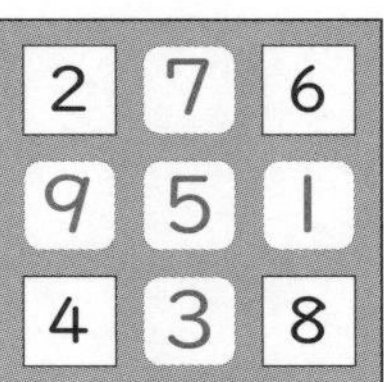

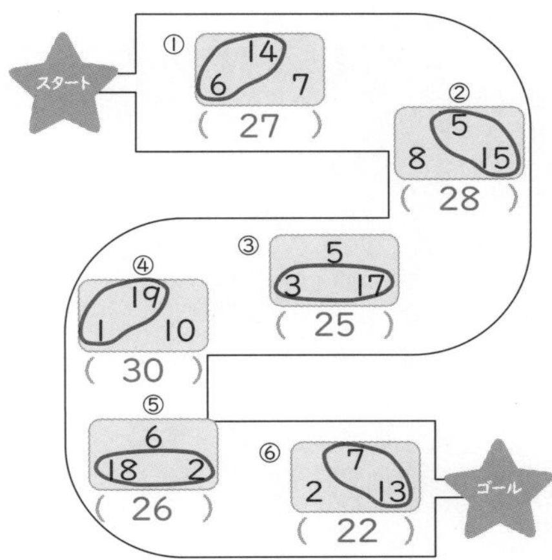

p. 60-61　計算の くふう （まあまあ）

1

(1)

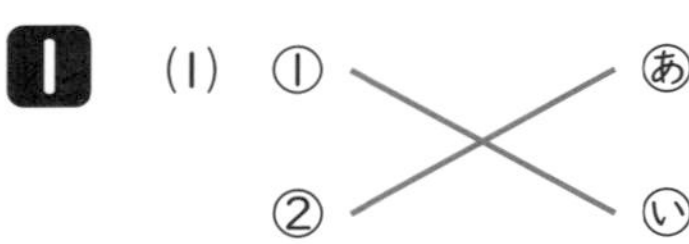

(2) 100円

2

① 13＋(6＋4)＝13＋10
＝23

② 34＋(3＋2)＝34＋5
＝39

③ 58＋(5＋15)＝58＋20
＝78

3

① 7＋(12＋8)　答え … 27

② (13＋7)＋2　答え … 22

③ (27＋3)＋5　答え … 35

④ 8＋(36＋4)　答え … 48

ピィすけ★アドバイス

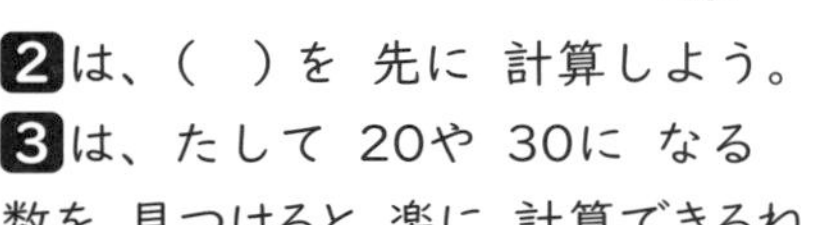

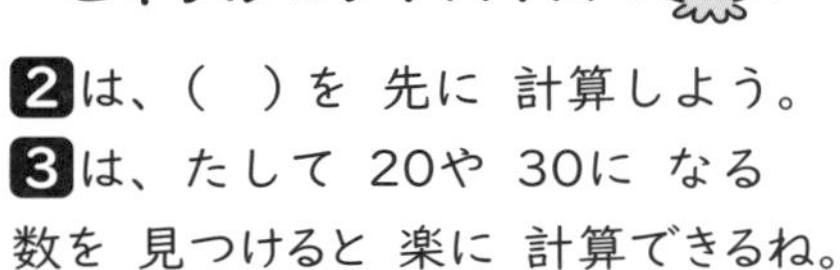

2は、(　)を 先に 計算しよう。
3は、たして 20や 30に なる 数を 見つけると 楽に 計算できるね。

p. 62-63　チェック＆ゲーム　たし算と ひき算の ひっ算（2）

㋐ 5　㋑ 8
㋒ 4　㋓ 6
㋔ 1　㋕ 2
㋖ 7　㋗ 1
㋘ 5

㋐〜㋘を たすと … 39！＝サンキュ！

① 832 → ハチミツ
② 877 → バナナ
③ 15 → イチゴ
④ 831 → ヤサイ

p. 64-65　たし算の ひっ算（2）

1 （じゅんに）3、5、4、143

2

① 27＋92＝119
② 80＋57＝137
③ 49＋78＝127

3

① 54＋55　54＋55＝109
② 95＋53　95＋53＝148
③ 63＋37　63＋37＝100
④ 5＋96　5＋96＝101
⑤ 59＋81　59＋81＝140

4 しき　85＋22＝107　　答え　107人

p. 66-67　たし算の ひっ算（2）

（まあまあ）

1

① $\begin{array}{r} 32 \\ +84 \\ \hline 116 \end{array}$　② $\begin{array}{r} 20 \\ +91 \\ \hline 111 \end{array}$　③ $\begin{array}{r} 55 \\ +47 \\ \hline 102 \end{array}$

2

① 88+69 $\begin{array}{r} 88 \\ +69 \\ \hline 157 \end{array}$　② 4+97 $\begin{array}{r} 4 \\ +97 \\ \hline 101 \end{array}$　③ 38+70 $\begin{array}{r} 38 \\ +70 \\ \hline 108 \end{array}$

④ 76+28 $\begin{array}{r} 76 \\ +28 \\ \hline 104 \end{array}$　⑤ 275+16 $\begin{array}{r} 275 \\ +\ 16 \\ \hline 291 \end{array}$　⑥ 69+307 $\begin{array}{r} 69 \\ +307 \\ \hline 376 \end{array}$

3

① 137　② 241　③ ○

4

しき　72+46=118　答え　118こ

5

しき　75+198=273　答え　273円

p. 68-69　たし算の ひっ算（2）

（ちょいムズ）

1

① $\begin{array}{r} 62 \\ +74 \\ \hline 136 \end{array}$　② $\begin{array}{r} 76 \\ +58 \\ \hline 134 \end{array}$

③ $\begin{array}{r} 93 \\ +\ 8 \\ \hline 101 \end{array}$　④ $\begin{array}{r} 67 \\ +33 \\ \hline 100 \end{array}$

2

① 46+57 $\begin{array}{r} 46 \\ +57 \\ \hline 103 \end{array}$　② 91+99 $\begin{array}{r} 91 \\ +99 \\ \hline 190 \end{array}$　③ 75+29 $\begin{array}{r} 75 \\ +29 \\ \hline 104 \end{array}$

④ 8+97 $\begin{array}{r} 8 \\ +97 \\ \hline 105 \end{array}$　⑤ 246+28 $\begin{array}{r} 246 \\ +\ 28 \\ \hline 274 \end{array}$　⑥ 873+9 $\begin{array}{r} 873 \\ +\ \ 9 \\ \hline 882 \end{array}$

3

㋓、㋔

※じゅんばんが ちがって いても
　正かいです。

※63+□の 計算の 答え

㋐ 88　㋑ 91　㋒ 98

㋓ 101　㋔ 103

4

しき　74+58=132　答え　132こ

5

しき　35+57+72=164

答え　164円

ピィすけ★アドバイス

3は、答えが 100より 大きく
なる ものを えらぼう！

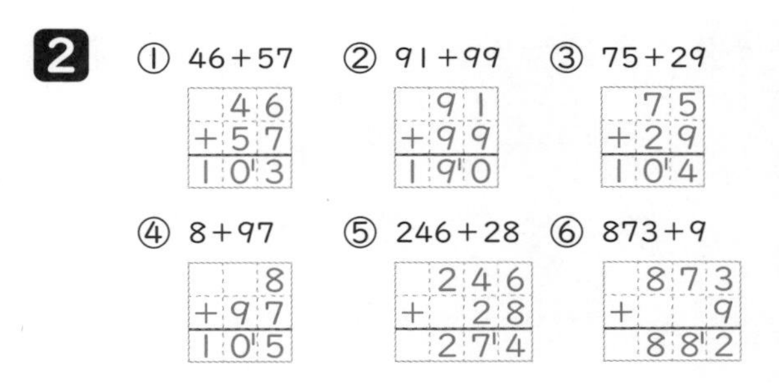

p. 70-71 **ひき算の ひっ算（2）**

（やさしい）

1 （じゅんに）12、56

2

① 123
− 42
81

② 160
− 85
75

③ 183
− 49
134

3

① 127−93
127
− 93
34

② 115−33
115
− 33
82

③ 100−53
100
− 53
47

④ 174−99
174
− 99
75

⑤ 103−78
103
− 78
25

⑥ 964−58
964
− 58
906

4 しき　125−36＝89　　答え　89こ

p. 72-73 **ひき算の ひっ算（2）**

（まあまあ）

1

① 147
− 53
94

② 105
− 54
51

③ 123
− 47
76

2

① 176−92
176
− 92
84

② 105−35
105
− 35
70

③ 127−58
127
− 58
69

④ 107−9
107
− 9
98

⑤ 681−55
681
− 55
626

⑥ 162−67
162
− 67
95

3 ①　17　②　99　③　○

4 しき　134−51＝83

答え　83ページ

5 しき　115−78＝37

答え　ゼリーが 37円 高い

p. 74-75 **ひき算の ひっ算（2）**

（ちょいムズ）

1

① 152
− 57
95

② 100
− 43
57

③ 396
− 39
357

2

① 143−86
143
− 86
57

② 150−87
150
− 87
63

③ 105−58
105
− 58
47

④ 101−92
101
− 92
9

⑤ 757−49
757
− 49
708

3

①　㋒

②　78

4 しき　67＋23＝90

100−90＝10　　答え　10円

※100−67−23 も 正かいです。

5 しき　115−53＝62（白い花）

62−53＝9

答え　白い 花が 9本 多く さいて いた

※白い 花が 9本 多い も 正かいです。

p. 76-77 **チェック＆ゲーム**

三角形と 四角形

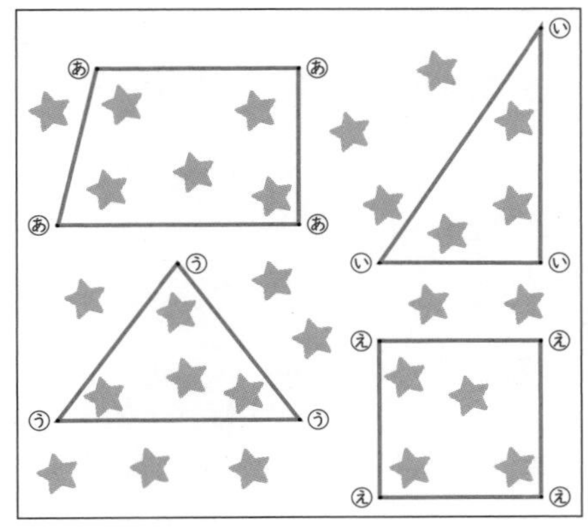

あ 5こ　　い 3こ

う 4こ　　え 4こ

2

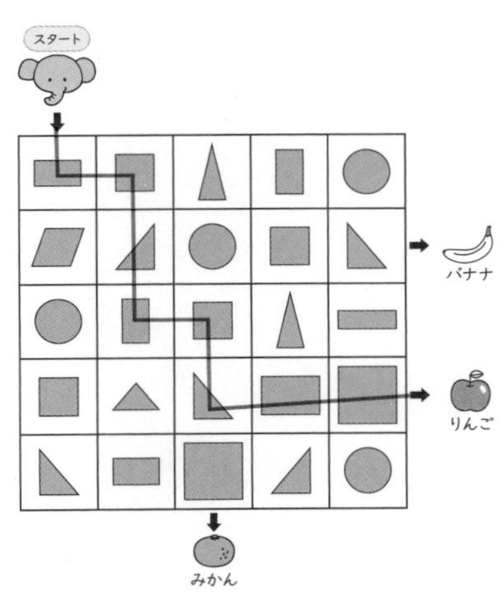

答え りんご

p. 78-79 **三角形と 四角形**

✿✿✿（やさしい）

1

三角形 え、く

四角形 あ、き

※じゅんばんが ちがって いても
正かいです。

2

① 長方形

② 直角三角形

③ 正方形

3

① 直角三角形

② 正方形

③ 長方形

4

① あ　② お

5

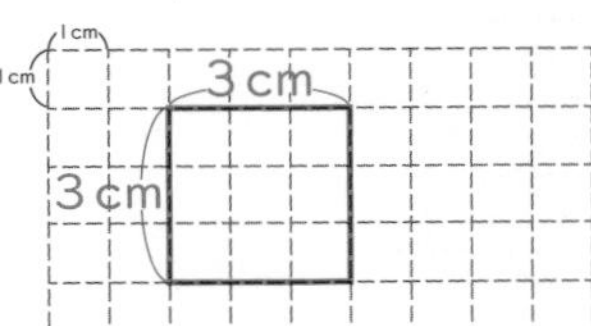

ピィすけ★アドバイス

2の ①は、正方形も かどが 直角だけれど、へんの 長さが 同じで ないと 正方形とは いえないよ。

p. 80-81　三角形と 四角形

✿✿✿（まあまあ）

1 ①（じゅんに）3、3
②（じゅんに）4、4

2 長方形　　㋑、㋖
正方形　　㋔、㋗
直角三角形　㋓、㋕

※じゅんばんが ちがって いても
正かいです。

3 ㋑

4

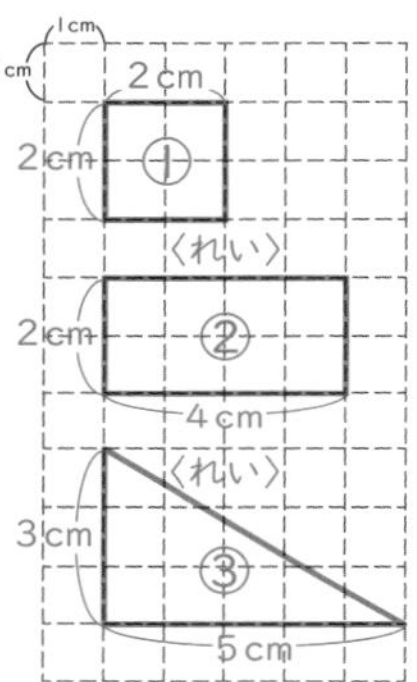

5

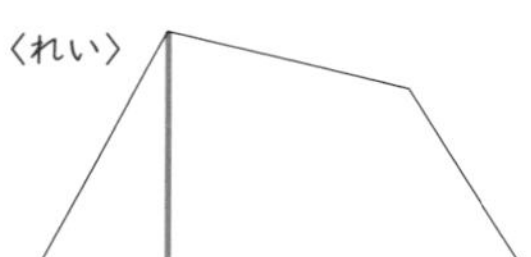

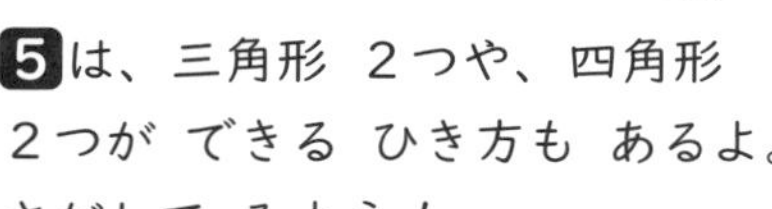

5は、三角形 2つや、四角形
2つが できる ひき方も あるよ。
さがして みよう！

p. 82-83　三角形と 四角形

✿✿✿（ちょいムズ）

1 長方形　㋕
正方形　㋔
直角三角形　㋒

2 ① ― ㋑
② ― ㋐
③ ― ㋒

3 ①　直角三角形
②　㋐　かど
　　㋑　直角

4

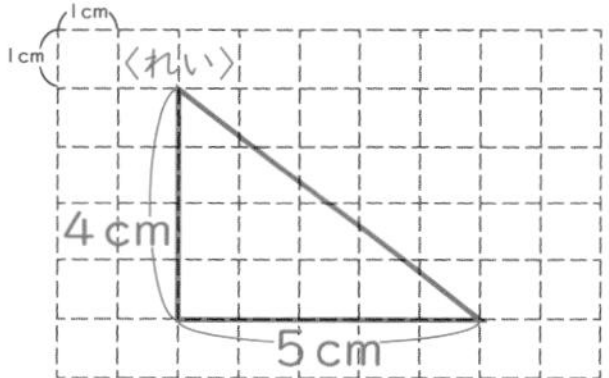

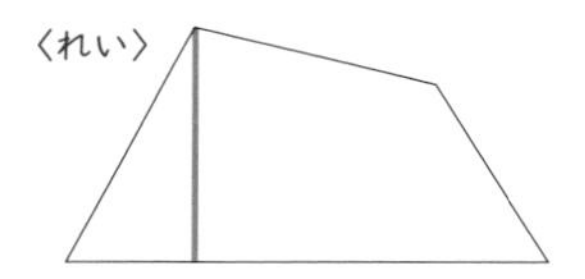

p. 84-85 チェック＆ゲーム かけ算

1

① — 3 × 4
② — 4 × 3
③ — 3 × 5
④ — 5 × 3

2

スタート → 5 → 10 → 15 → 20 → 25 → 30 → 35 → 40 → 45 → ゴール

5	10	18
25	15	24
27	20	36
30	25	40
35	40	45

p. 86-87 かけ算（1）（やさしい）

1
① （じゅんに） 2、3
② しき　2 × 3 = 6　　答え　6こ

2
① 5 × 3 = 15　② 2 × 6 = 12
③ 3 × 1 = 3　④ 4 × 2 = 8
⑤ 5 × 2 = 10　⑥ 2 × 8 = 16
⑦ 3 × 7 = 21　⑧ 4 × 8 = 32
⑨ 5 × 5 = 25　⑩ 2 × 2 = 4

3
① — バナナ（3ふさ）
② — ケーキ（5こ）
③ — みかん（4さら）
④ — 5cm 5cm 5cm

4 しき　3 × 6 = 18　　答え　18まい

p. 88-89 かけ算（1）（まあまあ）

1
① 4 × 4 = 16
② 5 × 2 = 10

2
① 5 × 6
② 3 × 5
③ 4 × 8

3
① 3 × 9 = 27　② 4 × 7 = 28
③ 5 × 7 = 35　④ 4 × 9 = 36
⑤ 2 × 5 = 10　⑥ 5 × 8 = 40
⑦ 4 × 6 = 24　⑧ 2 × 9 = 18
⑨ 3 × 8 = 24　⑩ 5 × 6 = 30

4 しき　4 × 5 = 20　　答え　20こ

5
① 4ばい
② しき　3 × 4 = 12　　答え　12cm

p. 90-91 かけ算（1）（ちょいムズ）

1
① 5 × 8 = 40　② 3 × 6 = 18
③ 3 × 2 = 6　④ 4 × 7 = 28
⑤ 4 × 6 = 24　⑥ 2 × 6 = 12
⑦ 3 × 8 = 24　⑧ 5 × 6 = 30
⑨ 2 × 9 = 18　⑩ 5 × 9 = 45

2 （じゅんに） 7、3

3 しき　5 × 4 = 20　　答え　20cm

4
① 3ばい
② しき　5 × 3 = 15　　答え　15cm
③ 20cm

4の ③は、15＋5＝20（cm）と考えられるね。

p. 92-93 かけ算（2）（やさしい）

1 ① 6
② 9

2 ① 8×6＝48 ② 1×5＝5
③ 7×3＝21 ④ 9×8＝72
⑤ 6×6＝36 ⑥ 7×9＝63
⑦ 9×5＝45 ⑧ 1×8＝8
⑨ 8×7＝56 ⑩ 6×4＝24

3 ① 3
② 6

4 しき 7×6＝42 答え 42こ

5 しき 8×3＝24 答え 24cm

p. 94-95 かけ算（2）（まあまあ）

1 ① 7×2＝14 ② 6×7＝42
③ 1×6＝6 ④ 8×4＝32
⑤ 9×9＝81 ⑥ 7×5＝35
⑦ 8×8＝64 ⑧ 1×5＝5

2 ① 2×6、3×4、4×3、6×2
② 4×9、6×6、9×4

※じゅんばんが ちがって いても 正かいです。

3 ① 7
② 7

4 しき 7×4＝28 答え 28日

5 ① ㋑
② しき 5×4＝20 答え 20こ

p. 96-97 かけ算（2）（ちょいムズ）

1 ① 6×9＝54 ② 7×8＝56
③ 9×8＝72 ④ 1×9＝9
⑤ 8×2＝16 ⑥ 6×8＝48
⑦ 9×6＝54 ⑧ 7×7＝49
⑨ 8×9＝72 ⑩ 1×1＝1

2 ㋑

3 ① 3
② 6

4 ① しき 6×5＝30 答え 30こ
② 6こ

5 しき 8×7＝56
56＋90＝146 答え 146円

p. 98-99 **チェック＆ゲーム**

1000より 大きい 数

にねんせい

㋥ 1500

㋩ 2500

㋝ 9900

㋑ 10000

㋧ 1600

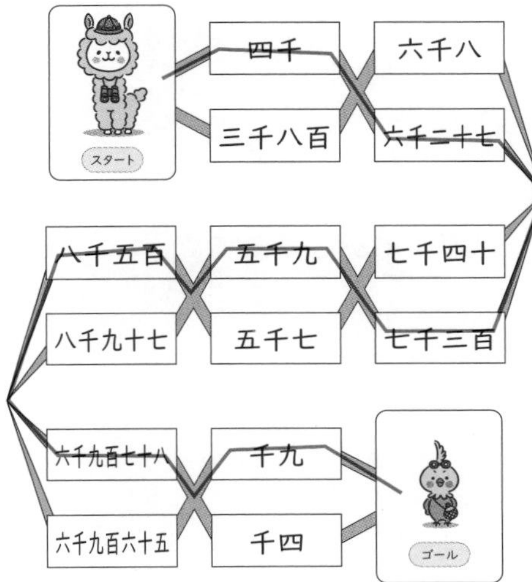

p. 100-101 **1000より 大きい 数**

（やさしい）

1
① 3124
② 2240

2
千のくらいの 数 8
十のくらいの 数 0

3
① 7999 < 8001
② 3058 < 3508

4
① 4250
② 4270

5
① 1395
② 4625
③ 5300
④ 10000

6
① 59こ
② 30こ

7
① 300＋900＝1200
② 500＋500＝1000
③ 600－300＝300
④ 900－400＝500

p. 102-103　1000より 大きい 数

（まあまあ）

1
① 7592
② 1012

2
①（じゅんに）7、3、8、2
②（じゅんに）3、4
③（じゅんに）9、6
④ 7000
⑤ 10000
⑥ 9990

3
① 7600
② 8000

4
① 40こ
② 25こ
③ 62こ

5
① 1325
② 4100
③ 10000

6
① 700＋600＝1300
② 6000＋7＝6007
③ 900－800＝100
④ 1000－200＝800

p. 104-105　1000より 大きい 数

（ちょいムズ）

1
① 2064
② 8105

2
① 6423
② 8305
③ 4007
④ 3700
⑤ 1962
⑥ 4999

3
① 9809 ＜ 9908
② 5531 ＜ 5538

4
① 9975
② 9987

5
① 28こ
② 100こ
③ 42こ
④ 68こ

6
① 13こ
② 1300

7
0、1、2

※じゅんばんが ちがって いても
正かいです。

p. 106-107 **チェック＆ゲーム**

長さ（2）

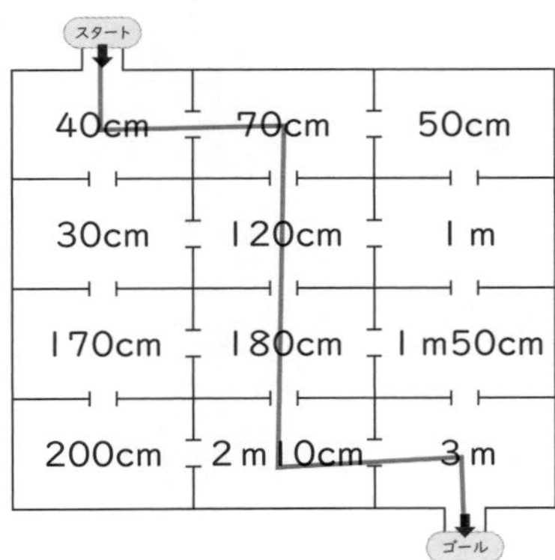

㋒

※道の 長さ

㋐ 7 m

㋑ 5 m90cm

㋒ 5 m80cm

p. 108-109 **長さ（2）**（やさしい）

1

① 1 m30cm

② 130cm

2

① mm

② m

③ cm

3

① 100

②（じゅんに）4、25

4

めぐみ 1 m21cm

ゆうじ 1 m8cm

5

① 3 m10cm＋80cm＝3 m90cm

② 1 m＋6 m＝7 m

③ 4 m50cm－30cm＝4 m20cm

6

しき 3 m80cm－2 m＝1 m80cm

答え 1 m80cm

p. 110-111 長さ（2）（まあまあ）

1
① cm
② m
③ mm
④ m

2
① 200
② 4
③ 710
④ 307

3
① 180cm
② 1m80cm

4
① 1m68cm
② 4m6cm

5
① 19m＋6m＝25m
② 3m60cm－50cm＝3m10cm
③ 4m70cm＋5m＝9m70cm
④ 1m－20cm＝100cm－20cm
＝80cm

6 しき　1m20cm＋40cm＝1m60cm
答え　1m60cm

ピィすけ★アドバイス
5の ④は、1mを 100cmに なおして 計算しよう！

p. 112-113 長さ（2）（ちょいムズ）

1 250cm

2
① cm
② m
③ mm
④ m

3 ㋓ → ㋑ → ㋒ → ㋐ → ㋔

4
①（じゅんに）1、80
② 606
③（じゅんに）8、3
④ 9

5
① 2m50cm＋3m＝5m50cm
② 3m8cm－2m＝1m8cm
③ 1m80cm＋20cm＝1m100cm
＝2m
④ 1m－40cm＝100cm－40cm
＝60cm

6
① 3m60cm
② しき　3m60cm－1m20cm
＝2m40cm
答え　2m40cm

ピィすけ★アドバイス
3は むずかしいよ。できたら すごい！すべて cmに なおすと、㋐は 600cm、㋑は 610cm、㋒は 602cm、㋓は 5900cm、㋔は 60cmに なるよ。

p. 114-115 **チェック＆ゲーム**

図を　つかって　考えよう

1
① きゅう食当番
② コーヒー
③ えんぴつ

2
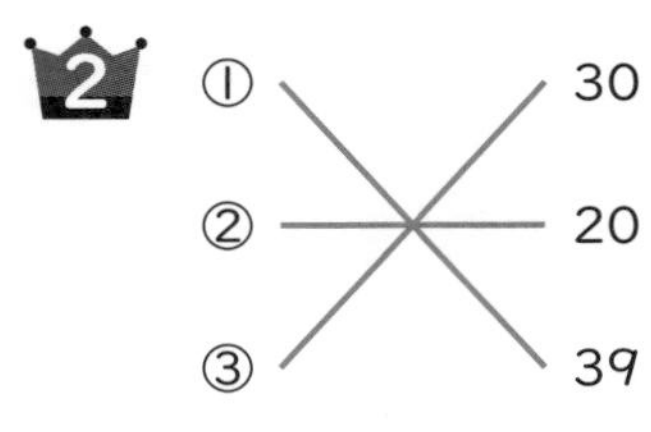

p. 116-117 **図を　つかって　考えよう**

（やさしい）

1 しき　33－17＝16　　答え　16こ

2 ①
はじめ（14）人　あとから（□）人
みんな（23）人

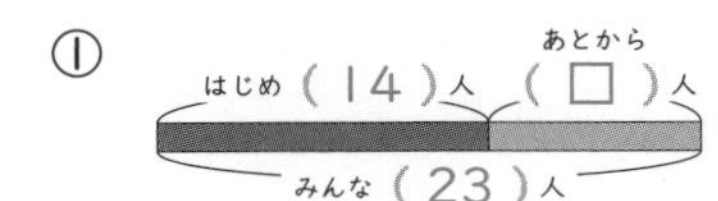

3 しき　25＋8＝33　　答え　33本

4 ①
20cm
赤
青
（7）cm

② しき　20－7＝13　　答え　13cm

p. 118-119 **図を　つかって　考えよう**

（まあまあ）

1 ①
（75）円
えんぴつ
ノート
（20）円

② しき　75＋20＝95　　答え　95円

2 しき　43－36＝7　　答え　7まい

3
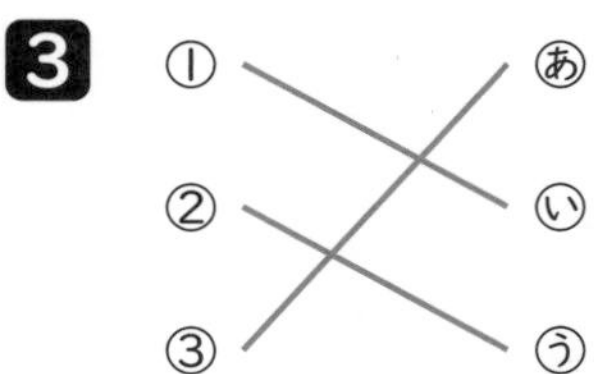

4 しき　18＋6＝24　　答え　24本

p. 120-121 **図を　つかって　考えよう**

（ちょいムズ）

1 しき　20－6＝14　　答え　14本

2 ①
はじめ（17）人　あとから □人
みんな（26）人

② しき　26－17＝9　　答え　9人

3 ①
はじめ □人
帰った（8）人　のこった（13）人

② しき　8＋13＝21　　答え　21人

4 ①〈れい〉
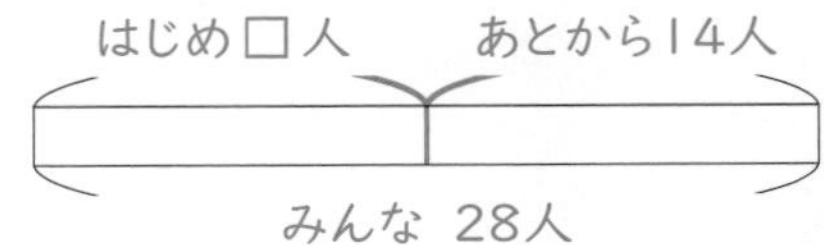

② しき　28－14＝14　　答え　14人

p. 122-123 チェック＆ゲーム 分数

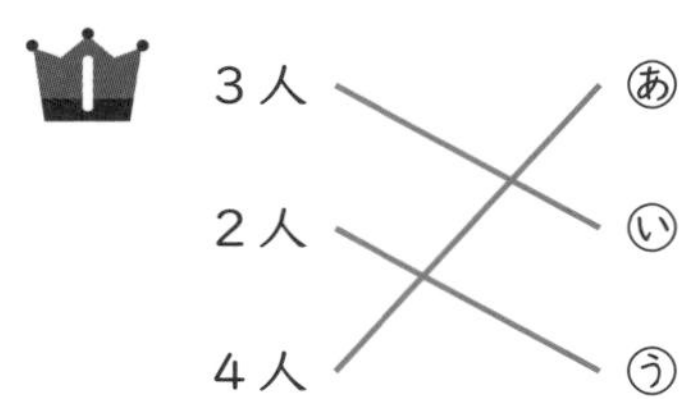

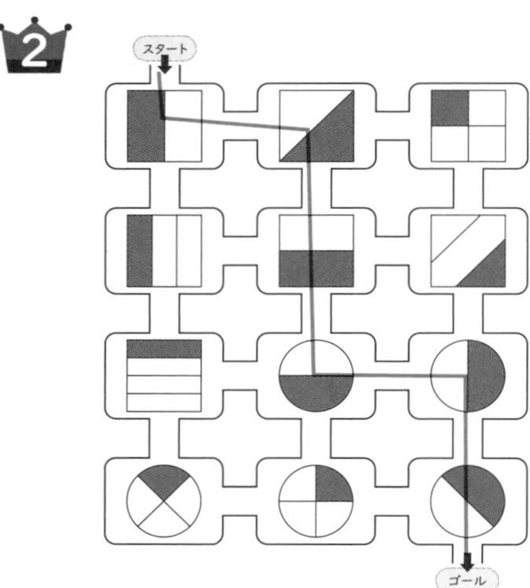

p. 124-125 分数 （やさしい）

1 う

2 ① $\frac{1}{3}$ ② $\frac{1}{2}$ ③ $\frac{1}{4}$

④ $\frac{1}{2}$ ⑤ $\frac{1}{4}$ ⑥ $\frac{1}{3}$

3 う

4 ①

②

③

※それぞれ、１つ分 ぬれて いれば 正かいです。

5 （じゅんに） 3、3

p. 126-127 分数 （まあまあ）

1 ① う

② え

2 ①

②

③

※それぞれ、１つ分 ぬれて いれば 正かいです。

3 3こ

4 ① $\frac{1}{2}$ ② $\frac{1}{3}$ ③ $\frac{1}{4}$

5 （じゅんに） 4、4

ピィすけ★アドバイス

3は、図の ●を 同じ 数ずつ 4つに 分けて みよう。3こずつに なるよ。

p. 128-129　**分数**（ちょいムズ）

1　①　$\frac{1}{8}$　②　$\frac{1}{3}$　③　$\frac{1}{2}$

2　①

②

③

※それぞれ、１つ分 ぬれて いれば
正かいです。

3　①　３こ　②　２こ

4　①　あ（じゅんに）４、$\frac{1}{4}$

い（じゅんに）８、$\frac{1}{8}$

②　〈れい〉

※12こずつ ２つに 分けて いれば
正かいです。

ピィすけ★アドバイス

4は、同じ 数ずつ いくつに
分けられて いるかに ちゅういしよう。

p. 130-131 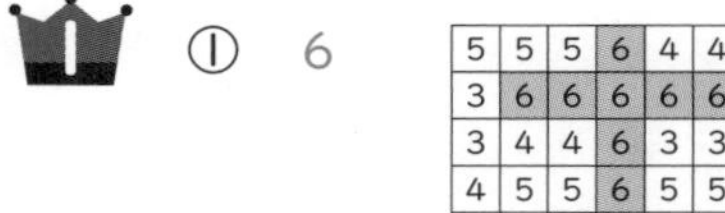

はこの 形

1　①　６

5	5	5	6	4	4
3	6	6	6	6	6
3	4	4	6	3	3
4	5	5	6	5	5
4	3	6	3	3	5

②　12

10	10	10	11	12	11
11	10	11	12	10	10
10	11	12	12	10	13
11	12	10	12	13	13
13	10	10	12	13	13

③　８

7	7	7	9	9	9
9	8	8	8	8	9
9	7	9	8	7	7
9	7	8	8	7	7
9	8	9	9	8	7

答え　ナイス

2　

※じゅんばんが ちがって いても
正かいです。

ピィすけ★アドバイス

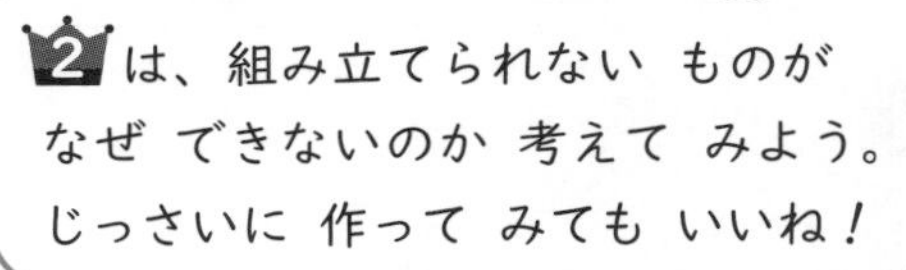

2は、組み立てられない ものが
なぜ できないのか 考えて みよう。
じっさいに 作って みても いいね！

p. 132-133　はこの 形（やさしい）

1
① あ ちょう点
　 い へん
　 う めん
② 6つ

2
あ 正方形
い 長方形
う 長方形

3
① 4cm … 4本
　 5cm … 4本
　 10cm … 4本
② 8こ

4
あ

p. 134-135　はこの 形（まあまあ）

1
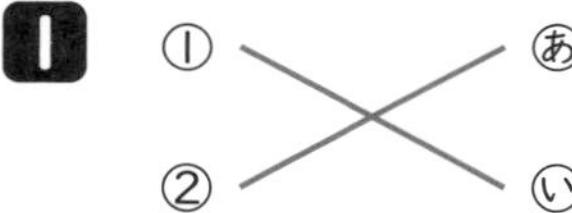

2
① あ めん
　 い へん
　 う ちょう点
② 4cm

3
①（じゅんに）7、12
② 8こ

4
・あが 4つ
・いが 2つ

※じゅんばんが ちがって いても 正かいです。

p. 136-137　はこの 形（ちょいムズ）

1
① 4
② 8
③ 8
④（じゅんに）6、正方形、長方形

※〰〰は、ぎゃくでも 正かいです。

2
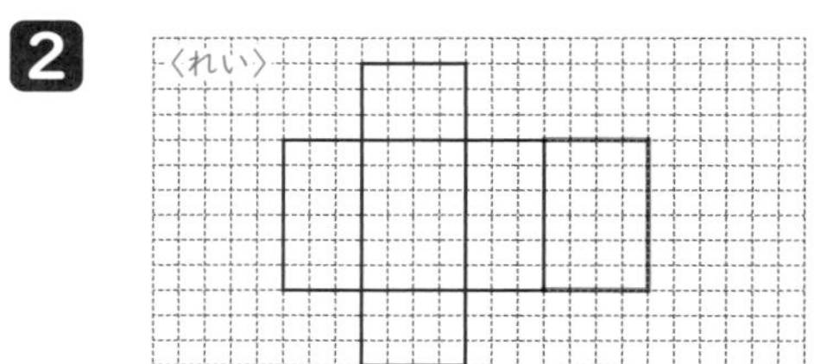

3
① うが 2つ
　 えが 2つ
　 おが 2つ
② あが 2つ
　 えが 4つ
③ いが 6つ

※それぞれ、じゅんばんが ちがって いても 正かいです。

4
ウ

p. 138-139　2年生の まとめ ①

1

① サーモン

② すきな おすし しらべ

○				
○				
○	○			
○	○		○	
○	○		○	○
○	○	○	○	○
○	○	○	○	○
サーモン	まぐろ	いか	えび	たい

2

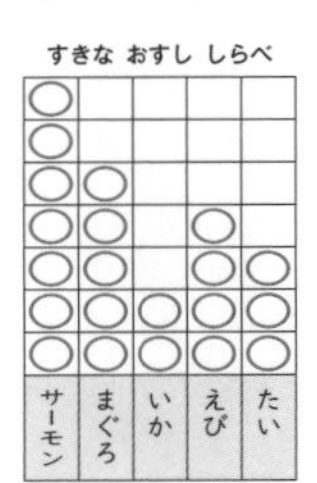

① 19 + 24 = 43　② 36 + 55 = 91　③ 45 − 17 = 28　④ 83 − 28 = 55

3

しき　63−48＝15

答え　青い 色紙が 15まい 多い

4

6 cm 5 mm

5

① 32

②（じゅんに）6、8

③ 54

④ 3000

⑤ 473

⑥ 32

6

① 午前７時50分

② 午前９時10分

7

25分（間）

p. 140-141　2年生の まとめ ②

1

① 17＋(8＋2)　答え … 27

② 28＋(34＋6)　答え … 68

2

① 65 + 38 = 103　② 107 − 9 = 98　③ 152 − 64 = 88

3

① 長方形

② 直角三角形

③ 正方形

4

① 3 × 8 ＝24　② 6 × 9 ＝54

③ 9 × 8 ＝72　④ 5 × 5 ＝25

⑤ 4 × 2 ＝ 8　⑥ 7 × 9 ＝63

5

しき　113−24＝89　答え　89こ

6

しき　7 × 6 ＝42　答え　42こ

p. 142-143 **2年生の まとめ ③**

1
① 5038
② 78
③ 9999
④ 205

2
① mm
② m
③ cm

3
① $\frac{1}{4}$ ② $\frac{1}{3}$
③ $\frac{1}{8}$ ④ $\frac{1}{2}$

4
① へん 12本
ちょう点 8こ
面 6つ
② ㋑

5 しき 80－20＝60 答え 60円

6 しき 28＋18＝46 答え 46まい